Training Assessment-Center

W0362812

**Christian Püttjer** und **Uwe Schnierda** kennen die Wünsche und Hoffnungen, aber auch Sorgen und Nöte von Bewerberinnen und Bewerbern seit rund 20 Jahren. Ihre umfassenden Erfahrungen aus der Optimierung von Bewerbungsunterlagen, aus Einzelcoachings und aus Seminaren bringen sie in ihre praxisnahen Ratgeber ein, die exklusiv im Campus Verlag erscheinen. Die konkreten Tipps, die klare Sprache und die motivierende Unterstützung von Püttjer & Schnierda haben schon über einer Million Leserinnen und Lesern weitergeholfen.

Weitere Informationen und Materialien zum Download finden Sie auf www.karriereakademie.de

PÜTTJER & SCHNIERDA

# Training Assessment-Center

Die häufigsten Aufgaben –
die besten Lösungen

Campus Verlag
Frankfurt/New York

Downloads zum Buch

**Den Weg zu den Zusatzmaterialien finden Sie am Ende des Buches.**

MIX
Papier aus verantwortungsvollen Quellen
FSC® C089473

ISBN 978-3-593-50755-2

3., aktualisierte Auflage 2017

Das Werk einschließlich aller seiner Teile ist urheberrechtlich geschützt. Jede Verwertung ist ohne Zustimmung des Verlags unzulässig. Das gilt insbesondere für Vervielfältigungen, Übersetzungen, Mikroverfilmungen und die Einspeicherung und Verarbeitung in elektronischen Systemen.
Copyright © 2009, 2017 Campus Verlag GmbH, Frankfurt am Main
Umschlaggestaltung: Campus Verlag GmbH, Frankfurt am Main
Umschlagmotiv: © shutterstock/RossHelen
Satz: Publikations Atelier, Dreieich
Gesetzt aus: Fedra Serif A und Akkurat
Druck und Bindung: Beltz Bad Langensalza GmbH
Printed in Germany

www.campus.de

# Inhalt

# Einleitung: Ihr Auftritt im Assessment-Center – und unsere Unterstützung

**Die intensive persönliche Vorbereitung von Bewerberinnen und Bewerbern auf das Assessment-Center ist ein wesentlicher Bestandteil unserer Tätigkeit als Karriereberater. Seit rund 20 Jahren trainieren und beraten wir Top-Manager, Führungskräfte und Fachspezialisten, damit sie im Stresstest Assessment-Center möglichst gut abschneiden. Aber auch Hochschulabsolventen vermitteln wir in Vorträgen und Seminaren, worauf es im AC ankommt.**

## Das Geheimwissen der Personaler

*Vorbereiten oder nicht?*

Wenn es nach manchen externen Personalberatungen oder firmeninternen Personalverantwortlichen geht, sollten sich die Kandidatinnen und Kandidaten am liebsten gar nicht auf das Assessment-Center vorbereiten. Immer wieder reden diese Geheimniskrämer von natürlichem Verhalten und davon, doch bitte völlig authentisch aufzutreten. Lesen oder hören wir derartige Statements, müssen wir eher schmunzeln. Denn die gleichen Personalberatungen oder Personalverantwortlichen betonen – häufig im selben Atemzug –, wie wichtig Weiterbildungsseminare und Trainings in den Bereichen Präsentation, Moderation, Verhandlungsführung, Konfliktverhalten oder Mitarbeiterführung sind. Und genau um diese Themen drehen sich auch ACs: Es geht um die Einschätzung Ihres individuellen Verhaltens in konkreten beruflichen Situationen, die allerdings in einem ein- oder mehrtägigen Rahmen künstlich und unter massivem Zeitdruck nachgestellt werden.

## Professionelle Unterstützung

Wir sehen es als unsere Aufgabe an, diejenigen optimal auf Assessment-Center vorzubereiten, die dies von sich aus wünschen. Natürlich können wir Sie nicht bis aufs letzte i-Tüpfelchen für Ihr persönliches Assessment-Center fit machen. Wir bekommen in unserer Beratungspraxis aber immer wieder bestätigt, dass eine intensive Auseinandersetzung mit typischen Aufgabenstellungen, häufigen Fehlern und überzeugenden Argumentationsketten dabei hilft, im AC besser abzuschneiden.

*Wir helfen Ihnen!*

Darüber hinaus bekommen wir regelmäßig positives Feedback von Kunden und den Lesern unserer Ratgeber. Demnach lassen sich unsere Tipps und Strategien gut umsetzen. Und darauf kommt es uns an: Wir möchten, dass Sie verstehen, was die Firma von Ihnen erwartet und wie Sie diesen Erwartungen gerecht werden können.

# Bewerben mit der Püttjer & Schnierda-Profil-Methode

**Gesichtslose Bewerber, die wie austauschbar erscheinen, machen es sich und den Unternehmen unnötig schwer, zueinander zu finden. Machen Sie es besser: Sie werden sich im Bewerbungsverfahren mehr Aufmerksamkeit verschaffen, wenn Sie Ihr Profil aussagekräftig und glaubwürdig vermitteln können. Die Profil-Methode, die wir dazu in unserer nahezu 20-jährigen Beratungspraxis (www.karriereakademie.de) entwickelt haben, hat schon vielen Bewerbern zum Erfolg verholfen.**

Drei Kernelemente kennzeichnen die Profil-Methode: Punkten Sie mit einem passgenauen Auftritt, vermitteln Sie Ihre Stärken und treten Sie glaubwürdig auf.

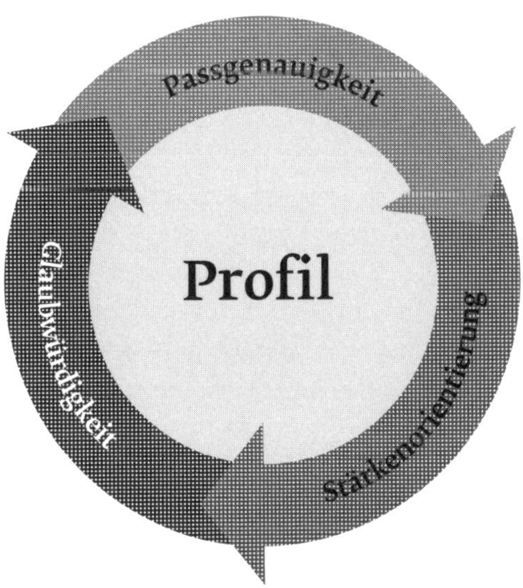


**1. Passgenauigkeit** Je besser Sie im Assessment-Center auf die Anforderungen eingehen, desto höher ist Ihre Erfolgsquote. Machen Sie sich den Blick der Personalberater, Beobachter und Entscheider zu eigen. Durchschauen Sie, was in den einzelnen AC-Übungen eingefordert wird, und treten Sie entsprechend auf. So wird Ihr Auftritt passgenau.

**2. Stärkenorientierung** Niemand lässt sich durch Konflikt- und Problemschilderungen von etwas überzeugen – auch Firmen nicht! Verzichten Sie deshalb auf Selbstabwertungen und Relativierungen Ihrer Leistungen. Stellen Sie stattdessen lieber Ihre Vorzüge in den Mittelpunkt. So werden Ihre Stärken sichtbar.

**3. Glaubwürdigkeit** Verbiegen Sie sich nicht im Assessment-Center, Ihre Persönlichkeit ist gefragt! Verstecken Sie sich nicht hinter Leerfloskeln und abstrakten Formulierungen, liefern Sie stattdessen nachvollziehbare Beispiele, die Ihren Auftritt mit Leben füllen. So gewinnen Sie Glaubwürdigkeit.

**Alle im Campus Verlag erschienenen Bewerbungsratgeber von uns basieren auf der Profil-Methode. Profitieren auch Sie von unserem Wissen. Nutzen Sie dieses Trainingsbuch dazu, im Assessment-Center passgenau, stärkenorientiert und glaubwürdig aufzutreten.**

# Worum geht es im Assessment-Center?

**Wenn es um Personalfragen geht, vertrauen immer mehr Unternehmen auf das Assessment-Center. Bei der Auswahl neuer Mitarbeiter genügen vielen Personalverantwortlichen die Sichtung von Bewerbungsmappen und das Führen von Vorstellungsgesprächen nicht mehr. Sie möchten auch wissen, wie sich Kandidaten live bewähren – und führen deshalb Assessment-Center durch.**

**Auch in der internen Personalentwicklung gewinnt das AC einen immer höheren Stellenwert und nimmt neben Beurteilungsgesprächen und Empfehlungen der Vorgesetzten eine wichtige Rolle ein. Nicht selten ist das AC auch das Nadelöhr, durch das Mitarbeiter müssen, um eine Führungsposition übernehmen zu dürfen. Zunächst einmal möchten wir uns der Frage zuwenden, was ein Assessment-Center überhaupt ist und wie es abläuft.**

## Was ist ein Assessment-Center?

*Gruppenauswahlverfahren*

Das Assessment-Center ist ein Gruppenauswahlverfahren: Zusammen mit anderen muss der Bewerber oder die Bewerberin unter Beobachtung verschiedene Aufgaben lösen. So werden beispielsweise Gruppendiskussionen durchgeführt, Rollenspiele wie Mitarbeiter- und Kundengespräche veranstaltet, Präsentationen von den einzelnen Bewerbern verlangt, Fallstudien vorgelegt oder Tests und Übungen wie der Postkorb gestellt.

*Andere Bezeichnungen*

Nicht immer muss ein Assessment-Center auch so benannt sein. Um die Teilnehmer in trügerischer Sicherheit zu wiegen, werden oft auch andere Bezeichnungen verwandt. So nennen manche Unternehmen ihre Assessment-Center auch Potenzialanalyse, Profil-Workshop, Kennenlerntag, Bewerberrunde, Personalentwicklungsseminar, Management-Audit, Potenzialerfassung für Nachwuchsführungskräfte, Development-Center, Förderseminar, Feedback-Report, Auswahlseminar oder auch Leadership-Check.

*Dauer und Durchführung*

Assessment-Center können ein- oder zweitägig angelegt sein. Inzwischen setzt sich bei der Mehrzahl der Unternehmen – vor allen Dingen aus Kostengründen – die eintägige Variante durch.

Im Assessment-Center wird die Kandidatengruppe von mehreren Beobachtern aus dem Unternehmen begutachtet. Meistens werden Linienvorgesetzte als Beobachter eingesetzt, die zwei Stufen über den zu prüfenden Kandidaten stehen. Bewerben Sie sich also für die Position eines Abteilungsleiters, könnten die Beobachter Bereichsleiter sein, falls die Zwischenstufe Hauptabteilungsleiter im Unternehmen etabliert ist. Berufseinsteiger treffen üblicherweise auf Beobachter, die Abteilungsleiter sind.

Mit der Durchführung des Assessment-Centers wird entweder die interne Personalabteilung beziehungsweise -entwicklung beauftragt, oder es wird eine externe Personal- beziehungsweise Unternehmensberatung engagiert. Üblicherweise führt ein Vertreter der hausinternen Abteilung für Personalfragen oder ein Personalberater als Moderator durch das Assessment-Center. Er erläutert die Übungen, gibt Schriftstücke aus und beginnt und beendet die einzelnen Übungen. Damit die Beobachter aus der Firma wissen, auf welche Details sie im Assessment-Center besonders zu achten haben, werden sie auf diese Aufgabe vorbereitet. Dabei erklärt man ihnen, unter welchen Aspekten sie die Kandidaten in den einzelnen Übungen besonders zu beobachten haben.

*Einzel-Assessment*

Als Sonderfall für Führungskräfte der Top-Ebene gibt es auch noch das Einzel-Assessment. Wie der Name schon sagt, wird dies nicht in einer Gruppe durchgeführt. Der Kandidat trifft allerdings – mit Ausnahme der Gruppendiskussion – auf die gleichen Übungen, und auch hier bewerten ihn mehrere Beobachter.

### Was wird geprüft?

Der Fokus im Assessment-Center liegt ganz klar auf der Beurteilung der Soft Skills, die auch soziale Kompetenz, Persönlichkeitsmerkmale oder außerfachliche Kompetenzen genannt werden: Mit möglichst berufsnahen Aufgabenstellungen soll die Persönlichkeit der Bewerber überprüft werden. Ein Assessment-Center ist also kein Wissenstest, sondern vielmehr ein Verhaltens-Check. Da inzwischen alle Unternehmen gemerkt haben, wie wichtig Soft Skills sind, wollen sie diese auch möglichst genau überprüfen.

*Abfrage der Soft Skills*

In den einzelnen Übungen werden unterschiedliche Soft Skills abgefragt. So führt das Unternehmen beispielsweise Gruppendiskussionen durch, um festzustellen, wie ausprägt die Merkmale Überzeugungsfähigkeit, Veränderungskompetenz, Einfühlungsvermögen, Argumentationsverhalten, Kooperationsfähigkeit oder Wertschätzung bei den Kandidaten sind. In Mitarbeitergesprächen hingegen werden eher Soft Skills wie Durchsetzungsvermögen, Zielorientierung, Entscheidungsfreude, Sensibilität oder unternehmerisches Denken überprüft.

*Leitbild*

Es ist auch unter Personalverantwortlichen ein offenes Geheimnis, dass eine der Hauptleistungen der Kandidaten und Kandidatinnen darin besteht, sich über die Anforderungen klar zu werden, die in den einzelnen Übungen an sie gestellt werden. Dabei gibt es ein allgemeines Leitbild, an dem Sie sich grob orientieren können: Meistens setzt sich nämlich der *unternehmerisch denkende, entscheidungsfreudige* und *stressresistente Teamplayer* durch. Natürlich gibt es hier auch Abweichungen. So wird bei den verschiedenen Assessment-Centern eine unterschiedlich ausgeprägte Durchsetzungsfähigkeit eingefordert: Bei der Personalauswahl für Positionen im Management verlangen manche Unternehmen beispielsweise einen höheren Durchsetzungsfaktor als bei einem AC zur Personalentwicklung von Außendienstmitarbeitern, bei denen es ihnen eher auf Kooperationsverhalten und Kundenorientierung ankommt.

In Ihre Vorbereitung für das Assessment-Center sollten Sie unbedingt auch Informationen über die ausgeschriebene Stelle einfließen lassen. Wie Sie an diese Informationen gelangen, erläutern wir Ihnen im Kapitel »AC-Taktik: Erkennen Sie die Anforderungen« (ab Seite 30).

Grundsätzlich können Sie sich sehr gut an unserem Leitbild orientieren: Geben Sie sich unternehmerisch denkend, indem Sie bei Ihren Argumentationen und Präsentationen die Kosten im Blick behalten. Dokumentieren Sie Ihre Entscheidungsfreude, indem Sie eindeutige Empfehlungen aussprechen. Weisen Sie Ihre Stressresistenz nach, indem Sie körpersprachlich souverän auftreten, und geben Sie sich als Teamplayer, der auf Vorschläge anderer eingehen kann und darauf achtet, dass alle Beteiligten ihre Ideen einbringen können.

## Übungen im Assessment-Center

*Berufsnahe Situationen*

Assessment-Center bestehen aus verschiedenen Übungen, in denen sich die Ursprungsidee klar wiederfinden lässt, die Kandidaten in unterschiedlichen Situationen zu erleben, die so auch im Berufsleben auftauchen können. Wir haben die verschiedenen Übungen, die wir Ihnen im weiteren Verlauf ausführlich vorstellen werden, einmal für Sie zusammengefasst:

→ **Selbsteinschätzung,**
→ **Selbstpräsentation,**
→ **Gruppendiskussion,**
→ **Mitarbeitergespräch,**
→ **Verkaufs- und Beratungsgespräch,**
→ **Reklamationsgespräch,**
→ **Verhandlung,**
→ **Vortrag,**
→ **Fallstudie und Business-Case,**
→ **Interview,**
→ **Tests,**
→ **Postkorbübung.**

*Heimliche Übungen*

Zusätzlich zu den oben aufgelisteten offiziellen Übungen gibt es auch noch die sogenannten heimlichen Übungen: Beim Assessment-Center stehen Sie nämlich die ganze Zeit unter Beobachtung, und das schließt auch die Pausen mit ein. Wer beispielsweise beim Mittagessen über Kollegen oder die Art der Durchführung des Assessment-Centers herzieht, kassiert Minuspunkte. Oft wird sogar erwartet, dass Sie von sich aus auf die anderen Kandidaten zugehen und etwas Small Talk betreiben. Weitere Informationen dazu bekommen Sie im Kapitel »Heimliche Übungen« (ab Seite 185).

Nicht in jedem Assessment-Center werden alle genannten Übungen eingesetzt. Es gibt aber ein Grundgerüst, das Sie fast immer erwartet: nämlich die Übungstypen Selbstpräsentation, Gruppendiskussion, Vortrag und Mitarbeitergespräch beziehungsweise Kundengespräch. Im gängigen Szenario eines zweitägigen Assessment-Centers finden sich zusätzlich die Übungen Fallstudie und Postkorb. Manche Unternehmen setzen zusätzlich auch noch Tests ein. Damit Sie eine genauere Vorstellung davon bekommen, wie Unternehmen das Assessment-Center im Einzelnen aufbauen, stellen wir Ihnen im Kapitel »Beispielhafte Abläufe von Assessment-Centern« (ab Seite 20) exemplarisch vor, wie die Praxis hier aussieht.

**Ihre Mitarbeit ist wichtig!**

*Ihr persönliches Coaching*

Wir haben diesen Praxisratgeber zur Vorbereitung für ein AC an unser Vorgehen im Coaching angelehnt. Schritt für Schritt machen wir Sie mit den unterschiedlichen Übungstypen vertraut. Sie lernen gern verwendete Aufgabenstellungen kennen, erhalten Hintergrundinformationen zu den Vorlieben der Beobachter und wir informieren Sie über typische Fehler unvorbereiteter Kandidaten. Dann steigen wir mit Ihnen in sinnvolle Strategien ein, damit Sie die Übungen erfolgreich bewältigen können. In jeder Übung ist Ihre praktische Mitarbeit gefragt. Sie müssen:

- **Fragebögen ausfüllen,**
- **Selbsteinschätzungen abgeben,**
- **Tests bestehen,**
- **Fallstudien bearbeiten,**
- **den Postkorb bewältigen,**
- **eine Selbstpräsentation entwerfen,**
- **Beiträge für Gruppendiskussionen ausformulieren,**
- **in Mitarbeitergesprächen flexibel reagieren,**
- **in Verkaufsgesprächen überzeugen,**
- **in Reklamationsgesprächen sachlich bleiben,**
- **in Verhandlungen Ihre Position vertreten,**
- **Vorträge strukturieren und**
- **im Interview überzeugende Antworten geben,**
- **Themen für den Small Talk vorbereiten.**

Es ist uns ganz wichtig, dass Sie intensiv in die Übungsarbeit einsteigen. Je besser Sie sich auf den Ernstfall vorbereiten, desto besser werden Sie auch im AC abschneiden.

*Hilfsmittel*

Nutzen Sie bei Ihrem Training auch Hilfsmittel wie Videokamera und Flipchart. Mit einer Videokamera können Sie Ihr Zeitmanagement überprüfen, Ihre Übungsleistungen dokumentieren und sie anschließend auch auswerten. Unsere Checklisten am Ende jedes Übungskapitels geben Ihnen wichtige Hinweise, worauf Sie achten sollten und wo Sie mit Ihrer Optimierung ansetzen können. Es lohnt sich ebenfalls, ein paar Flipchartbögen und Stifte zu erwerben, um zu Hause in Ruhe Skizzen zu entwerfen. Gleichzeitig lernen Sie auch, dass Sie an der Flipchart anders schreiben, als wenn Sie sich Notizen auf einem Schreibblock machen. So können Sie sich noch besser in die Situation im Assessment-Center hineinfinden. Genauso können Sie Overheadfolien kaufen, um auch das Beschriften von Folien zu üben. Je realitätsnäher Sie üben, desto mehr Sicherheit werden Sie gewinnen.

Auch das AC-Verfahren entwickelt sich kontinuierlich weiter. Da wir seit rund 20 Jahren Kandidatinnen und Kandidaten auf das Assessment-Center vorbereiten, bekommen wir ständig Insider-Informationen aus erster Hand. An diesen Informationen möchten wir Sie teilhaben lassen. Im nächsten Kapitel erfahren Sie, wie sich das Assessment-Center in den letzten Jahren entwickelt hat.

# Das ist neu: Trends im Assessment-Center

**Assessment-Center werden mittlerweile seit 40 Jahren in der Wirtschaft bei der Personalarbeit eingesetzt. Ihren Siegeszug begannen sie in den USA. Seit etwa 30 Jahren werden sie auch im deutschsprachigen Raum verstärkt verwendet. Dabei haben sich im Lauf der Jahre einige Veränderungen ergeben. Die wichtigste Veränderung dabei ist: Assessment-Center sind immer praxis- und berufsnäher geworden.**

## In der AC-Höhle

*Unrealistische Übungen*

In der Anfangszeit des Einsatzes von Assessment-Centern hatten viele Teilnehmerinnen und Teilnehmer Schwierigkeiten mit den Aufgabenstellungen, weil diese oft unrealistisch waren und wenig Bezug zur betrieblichen Praxis hatten. So gab es beispielsweise als Gruppendiskussionsthema das sogenannte Höhlendilemma. Hier lautet das Szenario folgendermaßen: »Sie sind mit Ihrer Gruppe in einer Höhle eingeschlossen. Das Wasser steigt kontinuierlich, in 20 Minuten wird der Wasserpegel die Höhlendecke erreicht haben. Das Rettungsteam wird in dieser Zeit nur einen aus Ihrer Gruppe bergen können. Setzen Sie in der Diskussion durch, dass Sie die wichtigste Person sind, die es demzufolge zu retten gilt.«

Selbstverständlich ließen sich mit solchen Übungen auch Belastbarkeit und Durchsetzungsvermögen testen. Allerdings kamen den Unternehmen doch Bedenken, ob die Ergebnisse auch auf den betrieblichen Alltag übertragbar sind.

## Mehr Berufsnähe

In dem Maße, in dem soziale Kompetenzen eine immer wichtigere Rolle für den Berufsalltag spielten, wurden auch die Übungen im Assessment-Center praxisnäher. Mit der zunehmenden Bedeutung strategischer Personalarbeit rückten auch Eigenschaften wie Teamfähigkeit, Überzeugungskraft, kommunikatives Geschick, unternehmerisches Denken, Ergebnisorientierung und Motivationsstärke mehr in den Vordergrund. So geht es heute in Gruppendiskussionen glücklicherweise nicht mehr um das Höhlendilemma, sondern um Kundenorientierung, Marketingstrategien oder die Optimierung des Vertriebs.

*Unterschiedliche Anforderungen*

Darüber hinaus wird heute mehr als früher zwischen unterschiedlichen Gruppen von Teilnehmern unterschieden. Es gibt spezielle Assessment-Center für Berufseinsteiger, Young Professionals, Vertriebsspezialisten, künftige Führungskräfte und das Top-Management. Im Zuge dieser Entwicklung sind die jeweiligen Aufgaben heute mehr auf die zukünftigen Tätigkeitsfelder zugeschnitten als früher. Künftige Führungskräfte führen mehr Mitarbeitergespräche, in denen es um Kritik oder Motivation geht. Bei Positionen im Vertrieb geht es dagegen in erster Linie um Verkaufs- und Reklamationsgespräche mit Kunden.

### Vom Schaulaufen zur Bewährungsprobe

*Größere Praxisnähe*

Da die Übungen heute stärker als früher auf künftige Einsatzfelder im Unternehmen ausgerichtet werden, hat das Assessment-Center mehr denn je den Charakter einer Arbeitsprobe vor ausgewähltem Publikum bekommen. Das reine Schaulaufen unter Laborbedingungen ist einer größeren Praxisnähe gewichen. Das bedeutet aber auch, dass Unternehmen von den Kandidatinnen und Kandidaten jetzt ein ganz bestimmtes Arsenal an Methoden zur Bewältigung der Übungen verlangen. Wer bei Mitarbeitergesprächen keine Kommunikationstechniken einsetzt, Gruppendiskussionen ohne Moderationswissen und Vorträge ohne Visualisierungen angeht, verspielt ein gutes Ergebnis. Die Beobachter, also die Entscheider aus dem Firmenmanagement, wollen bereits im AC sehen, dass die Teilnehmer sich im späteren Arbeitsalltag bewähren werden. Indirekt setzen sie damit schon voraus, dass Sie sich bereits im Vorfeld mit den Anforderungen der einzelnen Übungen gründlich auseinandergesetzt haben.

### Vorbereitet auf den ständigen Wandel

Auch wenn die früheren absurden Übungen, wie das Höhlendilemma, stark an Bedeutung verloren haben und heute praxisnähere Übungen im Mittelpunkt stehen: Assessment-Center sind keine Selbstläufer! Im Gegenteil, die Anforderungen der Unternehmen sind eher gestiegen. Da die Firmen sich heute noch mehr als früher einem ständigen Wandel unterworfen sehen, fordern sie auch von den Kandidaten und Kandidatinnen die Fähigkeit ein, sich flexibel verhalten und sich schnell auf neue Situationen einstellen zu können. Schließlich sind Restrukturierungen, Übernahmen, Zusammenschlüsse und Outsourcing in den Unternehmen nicht nur aktuelle, sondern auch zukünftige Themen. Dies spiegelt sich auch in den Aufgabenstellungen in Assessment-Centern wieder. So wird bei zukünftigen Führungskräften getestet, ob sie Mitarbeiter auch angesichts sinkender Budgets bei der Stange halten können. Daneben müssen sie auch immer häufiger als Übung schlechte Nachrichten überbringen wie einen Personalabbau, Standortwechsel oder den Wegfall von Führungsebenen.

### Fit für die neuen Anforderungen im Assessment-Center

*Auch unter Stress überzeugen*

Auf diese neuen Aufgabenstellungen sind die wenigsten Kandidaten vorbereitet. In unserer Beratungspraxis müssen wir immer wieder feststellen, dass sich viele schwer damit tun, in der Stresssituation Assessment-Center die geforderten Leistungen zu erbringen. Dies ist leider auch dann der Fall, wenn sie in der Vergangenheit Umbruchsituationen bereits erfolgreich gemeistert haben. Eine sinnvolle Vorbereitung setzt daher an verschiedenen Punkten an: Zunächst gilt es, sich in den unterschiedlichen Übungen gründlich mit den von den Unternehmen bevorzugten Themen zu beschäftigen. Darüber hinaus sollten Bewerber und Bewerberinnen ihr persönliches Methodenarsenal im Hinblick auf die jeweilige Übung ausbauen. Lassen Sie sich von uns im weiteren Verlauf dieses Praxisratgebers anhand zahlreicher Beispiele und Übungen zeigen, was die Unternehmen von Ihnen erwarten und wie Sie diese Erwartungen erfüllen können.

# Beispielhafte Abläufe von Assessment-Centern

**Damit Sie einen konkreten Eindruck davon bekommen, welche Übungen einzelne Unternehmen im Assessment-Center einsetzen, stellen wir Ihnen in diesem Kapitel authentische Beispiele vor. Diese sechs ACs haben genau so stattgefunden, wie wir sie auf den folgenden Seiten beschreiben. Wir stellen Ihnen gerade diese Beispiele vor, weil sie repräsentativ für die ganze Spannbreite bei der Personalarbeit sind. So haben wir ein Assessment-Center zur Auswahl von Hochschulabsolventen ebenso aufgenommen wie eines für interne Personalentwicklung. Neben den Gruppen-ACs haben wir für Sie auch ein Einzel-AC für künftige Führungskräfte dargestellt.**

*Das erwartet Sie*

Sie lernen sowohl die einzelnen Assessment-Center-Typen kennen als auch den Einsatz der AC-Methode in unterschiedlichen Branchen. Diese Beispiele werden Ihnen dabei helfen, einen besseren Eindruck davon zu bekommen, was Sie erwarten könnte:

- → **Personalentwicklungs-AC bei einem Pharmaunternehmen**
- → **Traineeauswahl bei einem Handelskonzern**
- → **Development-Center bei einer Wirtschaftsprüfungsgesellschaft**
- → **Management-Audit bei einem Versorgungsunternehmen**
- → **Potenzialerfassungs-AC bei einem Chemiekonzern**
- → **Mitarbeiterauswahl-AC bei einem Versicherungskonzern**

BEISPIEL

## Assessment-Center bei einem Pharmaunternehmen

Zweck: Personalentwicklung
Typ: Gruppen-AC
Dauer: eintägig
Zusammensetzung: 8 Kandidaten, 6 Beobachter, 1 interner Moderator aus der Personalabteilung

**Ablauf**

**Selbstpräsentation: Vorstellungsrunde**
keine Vorbereitungszeit, Präsentationszeit: 5 Minuten
Aufgabe: den Werdegang und die aktuellen Aufgaben darstellen

**Vortrag: Vorstandspräsentation Business-Case**
Vorbereitungszeit: 120 Minuten, Präsentationszeit: 30 Minuten, anschließend Fragerunde
Aufgabe: Durchsicht umfangreichen Materials (Business-Case) und anschließende Präsentation vor einem virtuellen Vorstand. In der Fragerunde wurden Detailfragen als Stressfaktor eingesetzt.

**Gruppendiskussion 1: Abteilungsbesprechung**
Vorbereitungszeit: 90 Minuten, Diskussionszeit: 40 Minuten
Aufgabe: vorhandene Arbeitsmenge auf künftig reduzierte Mitarbeiteranzahl verteilen

**Aufsatz: Projektkonzept erarbeiten**
Zeit: 90 Minuten
Aufgabe: als virtueller Abteilungsleiter ein Projektkonzept für eine neue Produktmarketingkampagne erstellen

**Gruppendiskussion 2: Projektmeeting**
keine Vorbereitungszeit, Grundlage ist das Projektkonzept, Diskussionszeit: 40 Minuten

→ FORTSETZUNG AUF DER NÄCHSTEN SEITE

Aufgabe: das Projektkonzept mit anderen virtuellen Abteilungsleitern besprechen und durchsetzen

**Mitarbeitergespräch: Degradierung**
Vorbereitungszeit: 60 Minuten, Gesprächszeit: 30 Minuten
Aufgabe: einem virtuellen Mitarbeiter Führungsaufgaben entziehen, aber ihn weiter als Spezialisten im Unternehmen halten

BEISPIEL

## Assessment-Center bei einem Handelskonzern

Zweck: Auswahl von Trainees
Typ: Gruppen-AC
Dauer: zweitägig
Zusammensetzung: 23 Kandidaten, 8 Beobachter, 2 Moderatoren aus der Personalabteilung

**Ablauf**
*1. Tag*

**Heimliche Übung: Gemeinsamer Snack**
Dauer: 30 Minuten

**Informationen über das Unternehmen und das Traineeprogramm**
Dauer: 40 Minuten

**Selbstpräsentation: Vorstellungsrunde**
keine Vorbereitungszeit, Präsentationszeit: 8 Minuten, anschließend 2 Minuten Nachfragen durch die Beobachter
Aufgabe: Auskünfte zur Person, zu beruflichen Zielen und zum Grund der Bewerbung

**Fallstudie: Zukunft der Märkte**
Vorbereitungszeit: 30 Minuten, Präsentation am nächsten Tag, Präsentationszeit: 10 Minuten

Aufgabe: absehbare Veränderungen auf vom Konzern abgedeckten Märkten darstellen

**Vortrag: Tischrede**
Vorbereitungszeit individuell zwischen Ende der letzten Übung und dem Beginn des Abendessens, Redezeit: 4 Minuten
Aufgabe: vor der Gruppe und den Beobachtern eine »launige« Tischrede halten, freie Themenwahl

*2. Tag*

**Mitarbeitergespräch: Krankenstand**
Vorbereitungszeit: 20 Minuten, Gesprächszeit: 10 Minuten
Aufgabe: Der Mitarbeiter ist durch wiederholte Krankschreibung aufgefallen. Es besteht der begründete Verdacht, dass er nicht wirklich krank war, Klärung des Problems

**Gruppendiskussion: Corporate Identity**
Vorbereitungszeit: 30 Minuten, Diskussionszeit: 30 Minuten
Aufgabe: eine Corporate Identity für den Handelskonzern entwickeln

**Präsentation: Corporate Identity**
keine Vorbereitungszeit, Grundlage ist das Ergebnis der Gruppendiskussion, Präsentationszeit: 10 Minuten
Aufgabe: das in der Gruppe entwickelte Corporate-Identity-Konzeptes vorstellen, zusätzlich Maßnahmen zur Verankerung der Corporate Identity auf Mitarbeiterebene präsentieren

**Feedbackrunde: individuelle Ergebnisse**
Die Kandidaten erfahren in Einzelgesprächen, wie sie im AC abgeschnitten haben.

BEISPIEL

## Assessment-Center bei einer Wirtschaftsprüfungsgesellschaft

Zweck: Development-Center, Auswahl von künftigen Senior Managern
Typ: Gruppen-AC
Dauer: eintägig
Zusammensetzung: 8 Kandidaten, 4 Beobachter, 1 Moderator aus der Personalentwicklung

**Ablauf**

**Selbstpräsentation: Kurzvorstellung**
keine Vorbereitungszeit, kurze Vorstellung der Reihe nach am Tisch
Aufgabe: akustische Visitenkarte

**Mitarbeitergespräch: Bonuskürzung**
Vorbereitungszeit: 25 Minuten, Gesprächszeit: 15 Minuten
Aufgabe: als virtueller Senior Manager einem Consultant den Jahresbonus kürzen; kein individuelles Verschulden; Grund: schlechte Geschäftslage

**Mitarbeitergespräch: Beurteilungsgespräch**
Vorbereitungszeit: 25 Minuten, Gesprächszeit: 15 Minuten
Aufgabe: Mitarbeiter mitteilen, dass er nicht befördert wird; Mitarbeiter ist guter Spezialist, hat aber kein Führungspotenzial

**Kundengespräch: Teamzusammensetzung**
Vorbereitungszeit: 20 Minuten, Gesprächszeit: 15 Minuten
Aufgabe: Kunde will bestimmte Mitarbeiter des Projektteams nicht akzeptieren, andere stehen aber nicht zur Verfügung

**Kundengespräch: Beschwerde**
Vorbereitungszeit: 30 Minuten, Gesprächszeit: 15 Minuten
Aufgabe: Projekt ist teurer als geplant geworden; Kunde droht mit Ausstieg, soll aber gehalten werden

**Gruppendiskussion: Verteilungskampf**
Vorbereitungszeit: 20 Minuten, Diskussionszeit: 20 Minuten
Aufgabe: Budgetplanung; die Teilnehmer der Gruppendiskussion vertreten jeweils ein Beraterteam und sollen sich über die Verteilung des zur Verfügung stehenden knappen Budgets einigen

**Interview: Belastbarkeit**
Zeit: 30 Minuten
Aufgabe: Fragen zum Umgang mit Stress, Belastungen, Enttäuschungen, Kritik

BEISPIEL

## Assessment-Center bei einem Versorgungsunternehmen

Zweck: Management-Audit zur Führungskräftesichtung
Typ: Gruppen-Assessment-Center
Dauer: eineinhalbtägig
Zusammensetzung: 10 Kandidaten, 9 Beobachter, 1 Moderator

**Ablauf**
*1. Tag*

**Selbstpräsentation: Vorstellungsrunde**
Vorbereitungszeit: 10 Minuten, Präsentationszeit: 10 Minuten
Aufgabe: Kurzvorstellung und Beantwortung folgender Fragen: Welches Führungsmodell bevorzugen Sie? Welche Erfolge konnten Sie in den letzten zwei Jahren erzielen? Wo liegen Ihre Entwicklungsziele?

**Interview: Umgang mit Herausforderungen**
Zeit: 40 Minuten
Aufgabe: Fragen zum Umgang mit beruflichen Herausforderungen beantworten

→ FORTSETZUNG AUF DER NÄCHSTEN SEITE

**Postkorb: Entscheidungsübung**
Zeit: 90 Minuten
Aufgabe: Postkorb durcharbeiten, Entscheidungen treffen und schriftlich begründen

**Gruppendiskussion: Kundenorientierung**
Vorbereitungszeit: 40 Minuten, Diskussionszeit: 30 Minuten
Aufgabe: Wie lässt sich die Kundenorientierung im Unternehmen erhöhen?

**Präsentation: Themenvergabe**
Hintergrund: Kurz vor dem Ende des ersten Tages werden verschiedene Themen für die Präsentationen am nächsten Tag vergeben. Die Beobachter registrieren, welcher Kandidat welches Thema auswählt.

*2. Tag*

**Präsentation: verschiedene Themen**
keine Vorbereitungszeit, Thema musste über Nacht erarbeitet werden, Präsentationszeit 15 Minuten
Aufgaben: beispielsweise vom Mitbewerber lernen, neue Kundenpotenziale zu identifizieren, interne Optimierungspotenziale aufdecken, Wissensmanagement

**Besprechung der Postkorbergebnisse**
Zeit: 30 Minuten
Aufgabe: die beim Postkorb getroffenen Entscheidungen erläutern, kritische Nachfragen der Beobachter

**Heimliche Übung: freiwilliges Mittagessen**
Dauer: unbestimmt
Hintergrund: Nach Abschluss des offiziellen Teils besteht für die Kandidaten die Möglichkeit, zusammen mit den Beobachtern freiwillig an einem ausgedehnten Mittagessen teilzunehmen.

BEISPIEL

## Assessment-Center bei einem Chemiekonzern

Zweck: Potenzialerfassung für zukünftige Führungskräfte
Typ: Einzel-AC
Dauer: eintägig
Zusammensetzung: 1 Kandidat, 4 Beobachter, 1 Moderator aus externer Personalberatung

**Ablauf**

**Vortrag: Präsentation über Investitionsentscheidungen**
Vorbereitungszeit: 90 Minuten, Präsentationszeit: 20 Minuten
Aufgabe: nach neuen Standorten für Produktionsanlagen suchen; länderspezifisches Infomaterial sichten; während der Präsentation kritische Zwischenfragen durch die Beobachter

**Test: Leistungstest**
keine Vorbereitungszeit, Testdauer: 60 Minuten
Aufgabe: verschiedene Testbatterien aus dem Bereich Konzentration

**Mitarbeitergespräch: Einführung von Zielvereinbarungen**
Vorbereitungszeit: 40 Minuten, Gesprächszeit: 20 Minuten
Aufgabe: Zielvereinbarungen auf Mitarbeiterebene einführen, Widerstände ausräumen

**Kundengespräch: Produktprobleme**
Vorbereitungszeit: 40 Minuten, Gesprächszeit: 30 Minuten
Aufgabe: wichtigen Kunden, der wegen wiederholter Produktprobleme verärgert ist, besänftigen; Konsens finden, der sowohl die Kundenwünsche als auch die Interessen des eigenen Unternehmens berücksichtigt

**Selbsteinschätzung: Fragebogen**
keine Vorbereitungszeit, Dauer: 15 Minuten
Aufgabe: Einschätzung der eigenen Stärken und Schwächen

BEISPIEL

## Assessment-Center bei einem Versicherungskonzern

Zweck: Mitarbeiterauswahl
Typ: Gruppen-AC
Dauer: eintägig
Zusammensetzung: 20 Kandidaten, 10 Beobachter, 1 Moderator aus der Personalabteilung

**Ablauf**

**Informationen über das Unternehmen und Vorstellung der Beobachter**
Dauer: 30 Minuten

**Heimliche Übung: Pause**
Dauer: 20 Minuten
Hintergrund: Gehen die Kandidaten aufeinander zu? Trauen sie sich, Kontakt mit den Beobachtern aufzunehmen?

**Selbstpräsentation: Vorstellungsrunde**
keine Vorbereitungszeit, Präsentationszeit: 3 Minuten
Aufgabe: die Frage beantworten: Wäre ich ein Gewinn für den Versicherungskonzern?

**Gruppendiskussion: Vertriebsoptimierung**
Vorbereitungszeit: 40 Minuten, Diskussionszeit: 30 Minuten
Aufgabe: in der Gruppe ein Konzept zur größeren Schlagkraft im Versicherungsvertrieb entwerfen

**Vortrag: Private Vorsorge**
Vorbereitungszeit: 30 Minuten, Präsentationszeit: 10 Minuten
Aufgabe: Präsentation zum Thema: Wie lässt sich das Thema Private Vorsorge besser in den Köpfen potenzieller Kunden verankern?

**Kundengespräch: Bonus für 3**
Vorbereitungszeit: 20 Minuten, Gesprächszeit: 15 Minuten
Aufgabe: Ein Bestandskunde soll überzeugt werden, weitere

Versicherungsverträge abzuschließen; Lockmittel ist die Einräumung von 10 Prozent Beitragsrabatt bei drei abgeschlossenen Verträgen.

**Gruppendiskussion: der ideale Mitarbeiter**
Vorbereitungszeit: 30 Minuten, Diskussionszeit: 20 Minuten
Aufgabe: In der Gruppe soll eine Rangliste der fünf wichtigsten persönlichen Eigenschaften für neue Außendienstmitarbeiter erstellt werden.

# AC-Taktik: Erkennen Sie die Anforderungen

**Wenn wir unsere Kunden in Coachings auf Assessment-Center vorbereiten, setzen wir an mehreren Punkten an. Bevor wir in die Übungen einsteigen, sprechen wir zunächst darüber, wie sich das Unternehmen selbst sieht und welche Trends in dem jeweiligen Arbeitsgebiet zu verzeichnen sind. Zudem klären wir, ob es vielleicht auch möglich ist, dass die Kandidaten und Kandidatinnen über Kollegen an interne Informationen des jeweiligen Unternehmens kommen.**

## Das Selbstverständnis des Unternehmens

*Gründliche Recherche*

Da die Beobachter im AC aus dem Unternehmen kommen, bietet es sich an, vorab herauszufinden, welche Themen und Strategien diese Entscheider aktuell beschäftigen. Daher gehört für uns zur Vorbereitung auf Assessment-Center auch eine gründliche Internetrecherche. Im Zeitalter des Internets ist es viel leichter geworden, aktuelle Informationen über Unternehmen zu bekommen, auch Sie sollten diese Möglichkeit nutzen. Auf den Homepages der Unternehmen finden Sie vielfältige Informationen, beispielsweise zu künftigen Wachstumsfeldern, über die Marktposition des Unternehmens, zu Auslandsmärkten und über die Kundenstruktur. Daneben können Sie sich so mit dem Unternehmensleitbild (der Corporate Identity) auseinandersetzen.

Berücksichtigen Sie bei Ihrer Recherche auch die Stellenausschreibungen des Unternehmens. Dort erfahren Sie einiges über das grundsätzlich von Mitarbeitern gewünschte Soft-Skill-Potenzial, beispielsweise welche Führungseigenschaften besonders betont werden.

## Ein Bild aus verschiedenen Perspektiven

Ihr Bild vom Unternehmen wird sich am Ende aus mehreren Mosaiksteinen zusammensetzen: Sie werden Informationen in Pressemitteilungen und Aktionärsnachrichten finden, aber auch in Geschäftsberichten, dem Produkt-/Dienstleistungsangebot und im Menüpunkt Job und Karriere. Die von Ihnen recherchierten Informationen lassen sich im Assessment-Center oft direkt verwerten. So können Sie in einer Gruppendiskussion über künftige Marktstrategien auf die Zielgruppen hinweisen, in einem Vortrag zum Führungsverständnis auf das Wunschbild des Unternehmens eingehen oder in Kundengesprächen besondere Unternehmensstärken herausstellen. Mit dieser Vorgehensweise verdeutlichen Sie den Beobachtern, dass Sie die gleiche Linie verfolgen wie diese Entscheider und sich mit ihren Zukunftsstrategien auseinandergesetzt haben, also perfekt ins Unternehmen passen.

### Entwicklungen im eigenen Arbeitsgebiet

*Branchentrends und -entwicklungen*

Firmen haben immer ein Interesse an Mitarbeitern und Mitarbeiterinnen, die in ihrem Arbeitsgebiet auf der Höhe der Zeit sind und die Bereitschaft mitbringen, sich kontinuierlich weiterzuentwickeln. Daher sollten Sie sich vor dem Assessment-Center mit den allgemeinen Trends und Entwicklungen in Ihrem Berufsfeld beschäftigen. Es gibt immer wieder aktuelle Themen, die neue Aspekte in Ihr Arbeitsfeld bringen. Dies heißt nicht, dass diese aktuellen Trends auch in Ihrer täglichen Arbeit im Zentrum stehen müssen. Wichtig ist aber, dass Sie darüber informiert sind, welche Entwicklungen gerade besonders diskutiert werden.

Dies könnte im Marketing das Benchmarking oder der vermehrte Einsatz von Direktmarketing sein. In der Forschung und Entwicklung spielen vielleicht Plattformstrategien zur Kostensenkung momentan eine Rolle. Und im Vertrieb könnte eine stärkere Vernetzung von Service und Verkauf gerade relevant sein. Unabhängig von den unterschiedlichen Tätigkeitsfeldern kann der Fokus auf Best-Practice-Ansätzen, Change-Management, Wissensdatenbanken und zunehmender Projektarbeit liegen.

Bei unseren Kunden stellen wir häufig fest, dass diese Entwicklungen bei der Bewältigung der täglichen Aufgaben oft aus dem Blickfeld geraten sind. Machen Sie sich deshalb im Vorfeld eines Assessment-Centers mithilfe von Fachzeit schriften oder Spezialistenportalen im Internet mit den aktuellen Entwicklungen in Ihrem Arbeitsgebiet vertraut.

### Auf der Suche nach Interna

Je genauer Sie sich auf ein AC vorbereiten können, desto mehr Sicherheit werden Sie gewinnen. Versuchen Sie daher auch so viel wie möglich über das geplante AC zu erfahren. Da die meisten Kandidaten vermuten, dass über Assessment-Center grundsätzlich der Mantel des Schweigens gelegt wird, versuchen sie oft gar nicht erst, Näheres zu erfahren.

*Nachfragen lohnt sich!*

Die Praxis zeigt aber, dass sich gezieltes Nachfragen lohnt. Manchmal ist die Personalabteilung durchaus bereit, zumindest die geplanten Übungsbestandteile zu nennen. Gute Informationsquellen sind oft auch Kollegen, die das Assessment-Center bereits einmal durchlaufen haben. Auch wenn die Aufgabenstellungen von Zeit zu Zeit modifiziert werden, können Sie so doch zumindest erfahren, welche Übungen das Unternehmen bevorzugt verwendet und auf welche Themen es besonderen Wert legt. Gelegentlich kommt es auch vor, dass Ihre Vorgesetzten über einen guten Draht in die Personalabteilung verfügen und Ihnen die eine oder andere Information geben können.

Nach dieser taktischen Vorarbeit werden wir jetzt mit Ihnen in die einzelnen AC-Übungen einsteigen. Wir werden Ihnen vor den Übungen jeweils erläutern, was Sie erwartet, worauf die Beobachter achten, welche Fehler zu vermeiden sind und mit welchen Strategien Sie Erfolg haben werden.

# Selbsteinschätzung: Melden Sie Ihren Anspruch an

**Der Einsatz von Bögen zur Selbsteinschätzung dient dem Abgleich von Selbst- und Fremdbild. Es soll überprüft werden, ob die Kandidatinnen und Kandidaten ein realistisches Bild ihres Potenzials haben. Üblicherweise geht der Selbsteinschätzungsbogen den Kandidaten im Vorfeld zu. Es handelt sich um mehrere DIN-A4-Seiten, auf denen die Teilnehmer vornehmlich ihr Soft-Skill-Potenzial bewerten sollen. Manchmal fragen Unternehmen bei der Selbsteinschätzung auch eine Auflistung der fachlichen Qualifikationen und die Leistungsbeurteilung durch den Vorgesetzten ab.**

### Warum wird diese Übung eingesetzt?

*Stärken-Schwächen-Profil*

Die Selbsteinschätzung hat einige Gemeinsamkeiten mit Persönlichkeitstests (siehe unser Kapitel »Test: Machen Sie Ihr Kreuz an der richtigen Stelle« ab Seite 194). Für die Beobachter ist dabei interessant, ob Sie sich selbst als überdurchschnittlich, durchschnittlich oder entwicklungsbedürftig sehen. So kann ein erstes Stärken-Schwächen-Profil festgehalten werden. Nicht zuletzt wollen die Beobachter erfahren, ob Sie sich realistisch einschätzen können. Dafür setzen sie die Selbsteinschätzung in Beziehung zu den gezeigten Leistungen im Assessment-Center. Mögliche Widersprüche zwischen Selbst- und Fremdbild werden dann im Interview oder Feedbackgespräch thematisiert, und Ihre Reaktionen geben Aufschluss über Ihre Kritikfähigkeit.

### Worauf achten die Beobachter?

*Realistische Einschätzung*

Für die Beobachter ist der Teil der Selbsteinschätzung wichtig, in dem es darum geht, wie ausgeprägt die verschiedenen Soft Skills der Kandidaten sind. Wenn Sie sich zu schlecht einschätzen, kommen bei ihnen Zweifel an Ihrer Eignung für die jeweilige Position auf. Aber auch eine übertrieben gute Selbsteinschätzung weckt Skepsis. Gewünscht wird ein Leistungsträger, der sich realistisch einschätzen kann. Die Beobachter bewerten die einzelnen Übungen und vergleichen sie mit den Angaben der Kandidaten: Zu große Abweichungen werden negativ vermerkt.

### Typische Fehler

Ein typischer Fehler bei Selbsteinschätzungen ist es, wenn Sie sich nicht für die Absichten interessieren, die das Unternehmen mit dem AC verfolgt: Wird ein durchsetzungsfähiger Mitarbeiter im Rahmen von Restrukturierungen gesucht? Geht es um Verkaufstalent? Steht die Teamfähigkeit im Vordergrund, oder sucht man eine Führungspersönlichkeit? Kandidaten, die sich im Vorfeld nicht um entsprechende Informationen bemühen, werden es schwer haben, ihre Selbsteinschätzung taktisch richtig anzugehen, denn auch zu viel Ehrlichkeit bei möglichen Defiziten ist hinderlich. Wer sich bei seiner Selbsteinschätzung zu viele Blößen gibt, macht die Beobachter unnötig skeptisch.

### Sinnvolle Strategien

*Schwächen abmildern, Stärken betonen*

Selbsteinschätzungen sollten taktisch angegangen werden. Selbstverständlich raten wir Ihnen nicht, Ihre Schwächen komplett unter den Tisch fallen zu lassen. Wichtig ist, diese abgemildert darzustellen. Bereits einzelne durchschnittliche Bewertungen zeigen, dass Sie über Ihre Schwächen nachgedacht haben. Achten Sie aber auch darauf, Ihre Stärken ins Spiel zu bringen. Ihr Gesamtergebnis sollte im guten bis sehr guten Bereich liegen.

Wenn man Sie in einem Interview im Assessment-Center auf mögliche Differenzen zwischen Ihrem Selbst- und Fremdbild aufmerksam macht, sollten Sie ruhig und gelassen reagieren. Akzeptieren Sie die Kritik und stellen Sie heraus, dass Sie sich selbst bereits Gedanken darüber gemacht haben, wie Sie Ihre Entwicklungsdefizite angehen könnten.

Auf den folgenden Seiten finden Sie zwei Selbsteinschätzungsbögen, die AC-Originalen entsprechen. Der erste ist ein Fragebogen, in dem Sie Ihre einzelnen Soft Skills auf einer Skala bewerten müssen. Danach kommt ein Potenzialerfassungsbogen, in dem Sie Beispiele für Ihre jeweiligen Selbsteinschätzungen liefern sollten. Bitte bearbeiten Sie die beiden Bögen gründlich. So bereiten Sie sich nicht nur auf den Ernstfall vor, sondern können sich auch Ihre Stärken und Schwächen bewusster machen. Im Anschluss ist es sinnvoll, wenn Sie an den Schwächen, die Sie bei sich sehen, noch vor dem nächsten Assessment-Center arbeiten.

### Selbsteinschätzung 1: Wie sehen Sie sich?

In der folgenden Selbsteinschätzung finden Sie eine Liste von persönlichen Eigenschaften. Entscheiden Sie für jede einzelne Eigenschaft, inwieweit diese auf Sie zutrifft. Dafür steht Ihnen eine fünfstufige Skala zur Verfügung. Die einzelnen Stufen auf der Skala haben folgende Bedeutung:

– 2: kaum zutreffend
– 1: weniger zutreffend
0: teils/teils
+ 1: überwiegend zutreffend
+ 2: sehr zutreffend

## Beispiel

BEISPIEL

Schätzen Sie ein, wie freundlich Sie sind. Umkreisen Sie die zutreffende Aussage. Wenn Sie sich also für überwiegend freundlich halten, kreisen Sie die +1 ein.

| | | | | | |
|---|---|---|---|---|---|
| **freundlich** | –2 | –1 | 0 | +1 | +2 |

Nun geht es mit Ihrer Selbsteinschätzung los, bitte gehen Sie die Liste der folgenden 50 Eigenschaften zügig durch. Denken Sie nicht zu viel nach und machen Sie ehrliche Angaben.

ÜBUNG

## Übung: Wie sehen Sie sich?

| | | | | | |
|---|---|---|---|---|---|
| gelassen | −2 | −1 | 0 | +1 | +2 |
| kompromissbereit | −2 | −1 | 0 | +1 | +2 |
| problembewusst | −2 | −1 | 0 | +1 | +2 |
| loyal | −2 | −1 | 0 | +1 | +2 |
| verlässlich | −2 | −1 | 0 | +1 | +2 |
| vital | −2 | −1 | 0 | +1 | +2 |
| hilfsbereit | −2 | −1 | 0 | +1 | +2 |
| sorgfältig | −2 | −1 | 0 | +1 | +2 |
| extrovertiert | −2 | −1 | 0 | +1 | +2 |
| gründlich | −2 | −1 | 0 | +1 | +2 |
| kreativ | −2 | −1 | 0 | +1 | +2 |
| ausdauernd | −2 | −1 | 0 | +1 | +2 |
| präzise | −2 | −1 | 0 | +1 | +2 |
| ordentlich | −2 | −1 | 0 | +1 | +2 |
| teamfähig | −2 | −1 | 0 | +1 | +2 |
| flexibel | −2 | −1 | 0 | +1 | +2 |
| sympathisch | −2 | −1 | 0 | +1 | +2 |
| zuverlässig | −2 | −1 | 0 | +1 | +2 |
| leidenschaftlich | −2 | −1 | 0 | +1 | +2 |
| kompetent | −2 | −1 | 0 | +1 | +2 |
| kontrolliert | −2 | −1 | 0 | +1 | +2 |
| durchsetzungsstark | −2 | −1 | 0 | +1 | +2 |
| einfühlsam | −2 | −1 | 0 | +1 | +2 |
| autoritär | −2 | −1 | 0 | +1 | +2 |
| vorsichtig | −2 | −1 | 0 | +1 | +2 |

| | | | | | |
|---|---|---|---|---|---|
| mutig | –2 | –1 | 0 | +1 | +2 |
| sachorientiert | –2 | –1 | 0 | +1 | +2 |
| dominant | –2 | –1 | 0 | +1 | +2 |
| nervös | –2 | –1 | 0 | +1 | +2 |
| praktisch | –2 | –1 | 0 | +1 | +2 |
| ehrlich | –2 | –1 | 0 | +1 | +2 |
| aufgeschlossen | –2 | –1 | 0 | +1 | +2 |
| gefühlsorientiert | –2 | –1 | 0 | +1 | +2 |
| zielstrebig | –2 | –1 | 0 | +1 | +2 |
| geduldig | –2 | –1 | 0 | +1 | +2 |
| schlagfertig | –2 | –1 | 0 | +1 | +2 |
| impulsiv | –2 | –1 | 0 | +1 | +2 |
| selbstbewusst | –2 | –1 | 0 | +1 | +2 |
| aggressiv | –2 | –1 | 0 | +1 | +2 |
| lernbereit | –2 | –1 | 0 | +1 | +2 |
| begeistert | –2 | –1 | 0 | +1 | +2 |
| ordentlich | –2 | –1 | 0 | +1 | +2 |
| selbstsicher | –2 | –1 | 0 | +1 | +2 |
| überzeugungsstark | –2 | –1 | 0 | +1 | +2 |
| vernünftig | –2 | –1 | 0 | +1 | +2 |
| anpassungsfähig | –2 | –1 | 0 | +1 | +2 |
| willensstark | –2 | –1 | 0 | +1 | +2 |
| leistungsorientiert | –2 | –1 | 0 | +1 | +2 |
| pflichtbewusst | –2 | –1 | 0 | +1 | +2 |
| kooperativ | –2 | –1 | 0 | +1 | +2 |

*Selbsteinschätzung abgleichen*

Gleichen Sie nun Ihre Selbsteinschätzung mit dem vom Unternehmen gewünschten Profil ab. Informationen zum Wunschprofil finden Sie in der Stellenausschreibung für die Position, auf die Sie sich bewerben, im Führungsleitbild des Unternehmens, in Corporate-Identity-Broschüren und in der Selbstdarstellung des Unternehmens auf der Firmenhomepage. Darüber hinaus können Sie auch in Gesprächen mit Kollegen oder Vorgesetzten erfragen, auf welche Persönlichkeitsmerkmale besonders Wert gelegt wird.

In den Bereichen, in denen Sie sich eine negative oder mittlere Einschätzung gegeben haben, sollten Sie überlegen, wie Sie Defizite abbauen können. Falls Sie noch genügend zeitlichen Spielraum haben, sind geeignete Seminare oder Trainingsmaßnahmen hier sicher hilfreich.

Grundsätzlich geht es aber um Ihre Fähigkeit, mit der Selbsteinschätzung taktisch umzugehen. Achten Sie darauf, dass Sie ein positives Bild von sich vermitteln, Ihre Stärken sichtbar werden und Ihre Selbsteinschätzung nah am Wunschprofil der Firma liegt.

### Selbsteinschätzung 2: Wo liegt Ihr Potenzial?

*Belegen Sie Ihre Soft Skills*

Manchmal fordert man von Ihnen bei der Selbsteinschätzung auch Belege für Ihr Soft-Skill-Potenzial ein. Dann müssen Sie neben der eigentlichen Selbstbewertung auch Ihre Sicht beispielhaft belegen. Diese Selbstreflexion ist durchaus sinnvoll, da sie Ihnen die Möglichkeit gibt, Ihre Stärken und Schwächen zu hinterfragen. Aber auch für diese Selbsteinschätzung gilt: Gehen Sie beim Ausfüllen taktisch vor, berücksichtigen Sie die Sicht und die Vorstellungen des Unternehmens. Es sollte aus der Selbsteinschätzung ersichtlich sein, dass Sie sich selbst für einen Mitarbeiter beziehungsweise eine Mitarbeiterin mit Potenzial halten.

Bitte füllen Sie die vorliegenden Bögen zur Potenzialerfassung in Vorbereitung auf Ihr Assessment-Center aus. Die Potenzialerfassung ist in vier Blöcke gegliedert:

→ **Leistungspotenzial,**
→ **Organisationspotenzial,**
→ **Vertriebspotenzial,**
→ **Führungspotenzial.**

In jedem einzelnen Block werden vier Unterkategorien aufgeführt. Bitte schätzen Sie in einem ersten Schritt auf einer fünfstufigen Skala ein, inwieweit Sie die Unterkategorie erfüllen. Dabei steht die Zahl Fünf für besonders stark ausgeprägt und die Zahl Eins für sehr schwach ausgeprägt. Kreuzen Sie die Zahl an, die Ihrer Meinung nach für Sie zutreffend ist.

Sind Sie im Zweifel oder haben Sie eine Unterkategorie bisher noch nicht in Ihrer Arbeit kennen gelernt, entscheiden Sie sich bitte für das Fragezeichen. Anschließend sollten Sie Ihre Einschätzung mit zumindest einem geeigneten Beispiel plausibel belegen.

BEISPIEL

## Beispiel Konfliktfähigkeit

Wenn Sie der Meinung sind, dass Konflikte Sie nicht belasten und Sie Probleme am Arbeitsplatz als lösungsbedürftige Aufgaben empfinden, entscheiden Sie sich für die Fünf.

| | | | | | |
|---|---|---|---|---|---|
| ~~5~~ | 4 | 3 | 2 | 1 | ? |

Eine mögliche Erläuterung könnte so lauten: »Konflikte sollten meiner Meinung nach die Arbeit nicht beeinträchtigen. Bei Spannungen im Team suche ich aktiv den Interessenausgleich. Meistens lassen sich in persönlichen Gesprächen die Ursachen des Konflikts herausfinden, die dann aus der Welt geschafft werden können.«

BEISPIEL

## Beispiel Verkaufstalent

Wollen Sie in einer Selbsteinschätzung deutlich machen, dass Sie auch über Verkaufstalent verfügen, obwohl Ihr Arbeitsfeld nicht direkt an der Schnittstelle zum Kunden aufgehängt ist, könnten Sie sich für die Vier entscheiden.

| | | | | | |
|---|---|---|---|---|---|
| 5 | ~~4~~ | 3 | 2 | 1 | ? |

→ FORTSETZUNG AUF DER NÄCHSTEN SEITE

In Ihrer Erläuterung könnte dann stehen: »Ich bringe meine Überzeugungskraft immer wieder ein, um meine Vorschläge durchzusetzen, und ich kann andere gut dazu bringen, meinen Vorstellungen zu folgen. Daher sehe ich bei mir Verkaufstalent, auch wenn ich nicht direkt im Kundenkontakt eingesetzt werde.«

Arbeiten Sie nun die Übung »Wo liegt Ihr Potenzial?« durch, in der Sie über Ihr Leistungs-, Organisations-, Vertriebs- und Führungspotenzial Auskunft geben sollen. Überlegen Sie sich geeignete Beispiele, mit denen Sie Ihre Einschätzung untermauern können.

ÜBUNG

## Übung: Wo liegt Ihr Potenzial?

**A. Leistungspotenzial**
**A.1. Belastbarkeit**

| | | | | | |
|---|---|---|---|---|---|
| 5 | 4 | 3 | 2 | 1 | ? |

Erläuterung:

______________________________

______________________________

______________________________

**A.2. Eigenmotivation**

| | | | | | |
|---|---|---|---|---|---|
| 5 | 4 | 3 | 2 | 1 | ? |

Erläuterung:

______________________________

______________________________

______________________________

### A.3. Lernbereitschaft

| 5 | 4 | 3 | 2 | 1 | ? |
|---|---|---|---|---|---|

Erläuterung:

---
---
---

### A.4. Veränderungsbereitschaft

| 5 | 4 | 3 | 2 | 1 | ? |
|---|---|---|---|---|---|

Erläuterung:

---
---
---

## B. Organisationspotenzial

### B.1. Strukturiertes Vorgehen

| 5 | 4 | 3 | 2 | 1 | ? |
|---|---|---|---|---|---|

Erläuterung:

---
---
---

### B.2. Priorisierung

| 5 | 4 | 3 | 2 | 1 | ? |
|---|---|---|---|---|---|

Erläuterung:

---
---
---

→ FORTSETZUNG AUF DER NÄCHSTEN SEITE

**B.3. Ergebnisorientierung**

| 5 | 4 | 3 | 2 | 1 | ? |
|---|---|---|---|---|---|

Erläuterung:

______________________________

______________________________

______________________________

**B.4. Zeitmanagement**

| 5 | 4 | 3 | 2 | 1 | ? |
|---|---|---|---|---|---|

Erläuterung:

______________________________

______________________________

______________________________

**C. Vertriebspotenzial**

**C.1. Kundenorientierung**

| 5 | 4 | 3 | 2 | 1 | ? |
|---|---|---|---|---|---|

Erläuterung:

______________________________

______________________________

______________________________

**C.2. Souveränes Auftreten**

| 5 | 4 | 3 | 2 | 1 | ? |
|---|---|---|---|---|---|

Erläuterung:

______________________________

______________________________

______________________________

**C.3. Abschlusssicherheit**

| 5 | 4 | 3 | 2 | 1 | ? |
|---|---|---|---|---|---|

Erläuterung:

---

---

---

**C.4. Verhandlungsfähigkeit**

| 5 | 4 | 3 | 2 | 1 | ? |
|---|---|---|---|---|---|

Erläuterung:

---

---

---

**D. Führungspotenzial**
**D.1. Durchsetzungsfähigkeit**

| 5 | 4 | 3 | 2 | 1 | ? |
|---|---|---|---|---|---|

Erläuterung:

---

---

---

**D.2. Überzeugungskraft**

| 5 | 4 | 3 | 2 | 1 | ? |
|---|---|---|---|---|---|

Erläuterung:

---

---

---

→ FORTSETZUNG AUF DER NÄCHSTEN SEITE

**D.3. Einfühlungsvermögen**

| 5 | 4 | 3 | 2 | 1 | ? |
|---|---|---|---|---|---|

Erläuterung:

______________________________

______________________________

______________________________

**D.4. Mitarbeitermotivation**

| 5 | 4 | 3 | 2 | 1 | ? |
|---|---|---|---|---|---|

Erläuterung:

______________________________

______________________________

______________________________

CHECKLISTE

## Checkliste Selbsteinschätzung

- ◯ Selbsteinschätzungen dienen dem Abgleich Ihres Selbstbildes mit dem Bild, das sich die Beobachter von Ihnen im Assessment-Center machen werden.
- ◯ Wenn vorgesehen ist, dass sowohl Sie selbst als auch Ihr Vorgesetzter eine Einschätzung vornehmen, bemühen Sie sich nach Möglichkeit um einen Abgleich.
- ◯ Selbsteinschätzungen sollten Sie taktisch ausfüllen. Betonen Sie Ihre Stärken und relativieren Sie Ihre Schwächen.
- ◯ Achten Sie darauf, dass ein positives Bild Ihres Soft-Skill-Potenzials entsteht.

- Setzen Sie sich vor dem Ausfüllen mit Ihren Stärken und Schwächen auseinander.
- Sollten Sie tatsächlich in einigen Bereichen Defizite haben, dann kümmern Sie sich am besten im Vorfeld des Assessment-Centers um deren Behebung, beispielsweise durch Seminare, Trainings oder Coachingmaßnahmen.
- Finden Sie die richtige Balance zwischen einem positiven Selbstbild und einer realistischen Einschätzung.
- Gleichen Sie nach Möglichkeit Ihr Profil mit den Anforderungen der zu vergebenden Stelle ab. Verkaufen Sie aber kein abgehobenes Idealbild.
- Auch wenn Sie der Meinung sind, dass Sie in einigen Bereichen Defizite haben, sollten Sie sich lieber durchschnittlich als schwach einschätzen.
- Bleiben Sie in Gesprächen zu Ihrer Selbsteinschätzung ruhig und gelassen.
- Spricht man Sie dort auf Schwächen an, sollten Sie Vorschläge machen können, wie diese sich ausräumen lassen.
- Überlegen Sie sich Beispiele, anhand derer Sie Ihre Selbsteinschätzung in einem Gespräch plausibel begründen können (siehe »Selbsteinschätzung 2: Wo liegt Ihr Potenzial?« ab Seite 38).

# Selbstpräsentation: Zeigen Sie, was Sie bisher geleistet haben

**Die Selbstpräsentation gehört zu den Standardaufgaben im Assessment-Center, üblicherweise ist sie die erste Übung. Typische Aufgabenstellungen wären:**

- → **Schildern Sie bitte kurz Ihre berufliche Entwicklung.**
- → **Beschreiben Sie Ihre momentanen Aufgaben und den Weg bis zu Ihrer heutigen Position.**
- → **Stellen Sie sich bitte Ihren Mitkandidaten vor.**
- → **Liefern Sie eine Präsentation Ihres Werdegangs und stellen Sie dar, inwieweit Sie bei der Erreichung künftiger Unternehmensziele helfen könnten.**
- → **Informieren Sie bitte die Gruppe über den beruflichen Hintergrund, mit dem Sie in diesem Assessment-Center antreten.**
- → **Geben Sie bitte in fünf Minuten einen Überblick über Ihre bisherigen beruflichen Leistungen und gehen Sie auf wesentliche Lernerfahrungen in den letzten zwei Jahren ein.**

### Warum wird diese Übung eingesetzt?

*Halten Sie dem Druck stand*

Als erste Übung im AC ist die Selbstpräsentation mit einer starken Stressbelastung verbunden. Hier lässt sich gut beobachten, wie die Kandidaten mit Druck umgehen. Diese Übungsform ist auch deswegen Standard, weil sie das Selbstbild der Teilnehmer deutlich erkennbar macht. Die am Anfang des AC geäußerten Auskünfte lassen so schon früh Schlüsse zu, ob die Kandidaten ihre berufliche Entwicklung aktiv vorantreiben und Ziele nachhaltig verfolgen.

In längeren Selbstpräsentationen überprüft das Unternehmen insbesondere den souveränen Umgang mit Präsentationstechniken. Dann bekommen sie den Charakter eines Vortrags, bei dem das Thema Sie selbst sind!

### Worauf achten die Beobachter?

*Machen Sie Eindruck*

Die Beobachter bekommen im Vorfeld häufig keine Unterlagen mit Informationen über die Kandidatinnen und Kandidaten. Deshalb müssen sie sich anhand der Selbstpräsentation ein erstes Bild über Ihre Qualifikationen machen. Daneben spielen die Soft Skills eine herausragene Rolle: Wie stressresistent sind Sie? Haben Sie Überzeugungskraft? Sind Sie kreativ? Wie steht es um Ihre Selbstwahrnehmung? Bringen Sie kommunikative Kompetenz mit? Können die Kandidaten strukturiert Auskunft geben? Visualisieren sie Informationen? Können sie überzeugen? Wie sieht es mit ihrer Begeisterungsfähigkeit aus?

### Typische Fehler

Zu den typischen Fehlern gehört ein unsicheres Auftreten. Wenn Beobachter aber Stress- und Unsicherheitsgesten wahrnehmen, oder es kommt womöglich zum Super-GAU, weil Sie einen Blackout haben, dann haben Sie schlechte Karten – und zwar für das gesamte Assessment-Center.

Ein weiterer Kardinalfehler ist es, ohne ein klares Profil zu agieren. Eine reine Nacherzählung des Lebenslaufes nach dem Motto »Von der Wiege bis zur Bahre« genügt nicht. Den Beobachtern muss die berufliche Qualifikation der Kandidaten klar werden. Wenn Sie keine Medien einsetzen, kreiden sie Ihnen das ebenfalls negativ an und setzen dies mit mangelnder Überzeugungskraft gleich.

## Negativbeispiel

Eine Selbstpräsentation, die wir persönlich im Assessment-Center erleben durften, lief so ab: »Meine Stellung im Unternehmen dürfte Ihnen allen hinreichend bekannt sein. Zu meinen Aufgaben gehört das Standardrepertoire einer Führungskraft. In meiner Freizeit gehe ich gern angeln. Ich bin verheiratet. Weitere private Dinge gehören, glaube ich, nicht in diese Vorstellungsrunde.« Mehr wollte der Kandidat nicht preisgeben. Und das bei einer Zeitvorgabe von drei Minuten

→ FORTSETZUNG AUF DER NÄCHSTEN SEITE

für die Selbstpräsentation vor der Gruppe. Auch seine Körpersprache drückte deutliches Unwohlsein aus: Verschränkte Arme signalisierten Abwehr, er betrat und verließ die Bühne schon fast rennend, und seine Stimme war unangemessen laut.

Kommentar zum Negativbeispiel

Hier hat der Stress voll durchgeschlagen. Der Abteilungsleiter hätte sich vor dem Assessment-Center sicherlich nicht vorstellen können, dass er einen so unsouveränen Auftritt abliefern würde. Er hatte den Informationswert, den die Selbstpräsentation für die Beobachter hat, völlig falsch eingeschätzt. Statt sich auf das AC vorzubereiten hatte der Kandidat gehofft, mit einem bloßen Hinweis auf seine Stellung in der Firmenhierarchie ohne eine inhaltlich überzeugende Präsentation auskommen zu können. Das war ein fataler Fehler!

**Sinnvolle Strategien**

*Bereiten Sie sich gut vor!*

Gerade die Übung »Selbstpräsentation« lässt sich in Grundzügen hervorragend im Vorfeld eines Assessment-Centers vorbereiten. Diese Chance sollten Sie auf jeden Fall nutzen! Bereiten Sie zu Hause ein Grundgerüst Ihres beruflichen Qualifikationsprofils vor. Überlegen Sie sich, welche Aufgaben Sie bereits erfolgreich bewältigt haben. Sammeln Sie konkrete Beispiele, anhand derer Sie Ihre Soft Skills deutlich machen können.

Üben Sie ruhig zu Hause den Ernstfall: Sagen Sie Ihre Selbstpräsentation laut auf, denn nur dann können Sie Ihren Zeitbedarf realistisch einschätzen.

Wie sich unsere Strategien in der Praxis umsetzen lassen, zeigen wir Ihnen nun anhand von drei gelungenen Selbstpräsentationen: einer Kurzvorstellung, einer dreiminütigen Selbstpräsentation und einer 15-minütigen strukturierten Selbstpräsentation.

**Selbstpräsentation 1: Kurzvorstellung (1 Minute)**

Kurzvorstellungen werden gerne eingesetzt, wenn Unternehmen kurze Assessment-Center durchführen. Typisch ist hier die am Tisch reihum erfolgende Vorstellung. Eine typische Aufgabenstellung könnte wie folgt lauten: »Stellen Sie sich bitte kurz Ihren Mitkandidaten vor.«

Arbeiten Sie jetzt Ihre Kurzvorstellung aus. Für Ihre Präsentation haben Sie eine Minute Zeit.

**Übung: Ihre Kurzvorstellung**

ÜBUNG

Wenn es Ihnen schwerfiel, eine knappe, aber aussagekräftige Kurzvorstellung zu erarbeiten, können Sie sich am folgenden Beispiel orientieren.

Positivbeispiel: Gelungene Kurzvorstellung (1 Minute)

Dorothee Weißmüller hat vor vier Monaten ihr Studium der Volkswirtschaftslehre erfolgreich abgeschlossen. Sie möchte mit einem Traineeprogramm in den Beruf einsteigen. Nun hat sie eine Einladung der Beinried Versandhaus International AG erhalten. Nach einer kurzen Vorstellung des Unternehmens und des Traineeprogramms durch die AC-Moderatoren wird sie gebeten, sich selbst kurz vorzustellen. Die acht Teilnehmerinnen und Teilnehmer sitzen am Konferenztisch und sollen dort reihum mit der Vorstellungsrunde beginnen.

### Kurzvorstellung im Trainee-AC

»Mein Name ist Dorothee Weißmüller. Anfang dieses Jahres habe ich mein Studium der Volkswirtschaft mit dem Schwerpunkt Handelsbetriebslehre abgeschlossen.

Praktische Erfahrungen habe ich bei der Handels AG gesammelt. Dort war ich an einem Projekt zur Steigerung der Kundenzufriedenheit beteiligt. Neben Marketingaspekten umfasste diese Aufgabe auch Optimierungen im Logistikbereich. Daneben habe ich in einem Praktikum Erfahrungen als Assistentin eines Key-Account-Managers sammeln können. Neben Markt- und Zielgruppenanalysen habe ich einen Messeauftritt mitkonzipiert und umgesetzt.

Während eines einjährigen Work-and-Travel-Aufenthaltes in Australien habe ich meine Englischkenntnisse ausgebaut. Da ich während meines Studiums einige Zeit parallel im Verkauf gearbeitet habe, verfüge ich auch über Erfahrungen im direkten Kundenkontakt. Meine ersten Erfahrungen im Handel, im Umgang mit Kunden und meine Englischkenntnisse würde ich gerne im Traineeprogramm der Beinried Versandhaus International AG einbringen – gerne auch an wechselnden Einsatzorten.«

### Kommentar zum Positivbeispiel Kurzvorstellung

Dorothee Weißmüller kann mit ihrer Selbstpräsentation überzeugen. Sie arbeitet in der sehr knapp bemessenen Zeit gut ihre praktischen Erfahrungen heraus. Es fallen wichtige Schlagworte, die auch im Anforderungsprofil für zukünftige Trainees zu finden sind, beispielsweise »Key Account«, »Markt- und Zielgruppenanalysen«, »Assistenzfunktion«, »Marketing«, »Kundenzufriedenheitsprojekte« und »Logistikoptimierung«.

Sie vermeidet den häufig bei Hochschulabsolventen zu beobachtenden Fehler, sich einseitig nur auf ihr Studium zu fixieren. Selbstverständlich erwähnt sie ihr Volkswirtschaftsstudium, lenkt dann aber die Aufmerksamkeit sofort auf erste berufliche Erfahrungen.

Mit dem Hinweis auf ihren Australienaufenthalt rundet sie ihr Profil ab. Damit belegt sie einerseits ihre sicheren Englischkenntnisse. Andererseits hebt sie die Fähigkeit hervor, sich auch in einen anderen Kulturkreis einleben zu können.

Die Teilnehmerin hat eine überzeugende Kurzvorstellung geliefert, mit der sie sich die ersten Punkte im Assessment-Center sichert!

### Selbstpräsentation 2: Selbstpräsentation (3 bis 5 Minuten)

Die drei- oder fünfminütige Selbstpräsentation ist ein echter AC-Klassiker. Sie sollten auf jeden Fall eine Version dieser Selbstpräsentation vorbereiten. Dazu haben Sie nun Gelegenheit. Ihre Aufgabenstellung lautet: Beschreiben Sie Ihre momentanen Aufgaben und den Weg in Ihre heutige Position. Für Ihre Selbstpräsentation haben Sie drei Minuten Zeit. Die vorgegebene Zeit sollte weder über- noch unterschritten werden.

## Übung: Ihre Selbstpräsentation

ÜBUNG

→ FORTSETZUNG AUF DER NÄCHSTEN SEITE

## Medieneinsatz

Überlegen Sie sich auch, welche Medien Sie einsetzen könnten. Fertigen Sie Skizzen mit Grafiken, Zeichnungen oder Tabellen auf DIN-A4-Blättern an, um Overheadfolien oder Flipchartblätter vorzubereiten.

Beispiele für Visualisierungen finden Sie im Anschluss an die folgende gelungene Selbstpräsentation.

## Positivbeispiel: Gelungene Selbstpräsentation (3 Minuten)

Der Wirtschaftsingenieur Volker Thomsen ist seit zwei Jahren bei der Auto Dose AG tätig. Er möchte sich beruflich verändern. Auf seine Bewerbung bei der Bayrischen Vierrad GmbH hin wurde er zunächst zum Vorstellungsgespräch und anschließend zu einem Assessment-Center eingeladen. Dort wird er zu Beginn aufgefordert, sich vor den anwesenden Kandidaten und den Beobachtern aus dem Unternehmen vorzustellen. Die einzige Vorgabe für die Selbstpräsentation ist, dass sie vor der Gruppe stattfinden und drei Minuten nicht überschreiten sollte.

(Anmerkung: Die unterstrichenen Schlagworte werden abgekürzt für die darauf folgende Flipchart-Visualisierung eingesetzt. Daher wurden die Absätze auch durchnummeriert.)

### Selbstpräsentation im Auswahl-AC für Young Professionals

»Meine Damen und Herren: In den nächsten drei Minuten möchte ich Ihnen einige Key-Facts zu meiner beruflichen Qualifikation und zu meiner Person geben. Mein Name ist Volker Thomsen. ❶

Ich bin seit zwei Jahren im Automotive-Bereich tätig. Zurzeit arbeite ich im Teilevertrieb der Auto Dose AG. Zu meinen wesentlichen Aufgaben gehört im Augenblick der internationale Rollout eines neuen Systems im Komponentenvertrieb. Dazu gehört die organisatorische Abstimmung zwischen Teileherstellern, der Logistik, unserer IT-Abteilung und natürlich den Autohäusern und Werkstätten. ❷

Neben meiner aktuellen Aufgabe habe ich auch Tätigkeiten im Controlling übernommen; hier insbesondere im Vertriebscontrolling. Die direkte Zusammenarbeit mit den Händlern vor Ort hat mir sehr viel Spaß gemacht. Ich war viel vor Ort unterwegs und konnte mir so einen guten Überblick über regionale Marktunterschiede und die individuellen Bedürfnisse verschaffen. ❸

Neben den Einsätzen vor Ort habe ich auch Controlling-Tools für die IT-Plattform des Unternehmens mitentwickelt. Für mich war dies eine gute Gelegenheit, neben Vertrieb, Produktion und Controlling auch den IT-Bereich vertiefend kennen zu lernen. ❹

Um meine Kenntnisse der Händlerstruktur aktiv zu nutzen, habe ich mich dann auch im First-Level-Support engagiert und die Restrukturierung im Komponentenvertrieb durch geeignete Schulungsmaßnahmen der Mitarbeiter im Teilever- ❺

→ FORTSETZUNG AUF DER NÄCHSTEN SEITE

kauf unterstützt. Ein zusätzlicher Fokus lag bei dieser Arbeit im Vermarkten von Tuning-Komponenten, die wir bisher so nicht bei uns im Unternehmen im Angebot hatten.

❻ Eingestiegen bin ich als Testingenieur. Zu meinen ersten Aufgaben bei der Auto Dose AG gehörte das Qualitätsmanagement. Mit den Erfahrungen, die ich in dieser Schnittstellenfunktion gesammelt habe, habe ich die Basis für meine weitere Entwicklung gelegt. Im Rahmen einer Sonderaufgabe war ich an der konzernweiten Verankerung eines kundenorientierten Qualitätsbegriffs beteiligt. Aus dieser Zeit stammen auch meine internationalen Erfahrungen mit Konzerntöchtern und Zulieferern.

❼ Meinen Abschluss als Wirtschaftsingenieur habe ich an der TU Braunschweig gemacht. Während des Studiums habe ich die Möglichkeit zu einem Auslandsaufenthalt an der Universität Göteborg genutzt. In dieser Zeit habe ich mich besonders intensiv mit dem Management flexibler Teams in der Fertigung auseinandergesetzt. Das Thema konnte ich dann auch in meine Diplomarbeit einbringen.

❽ Eine kurze Zusammenfassung: Ich glaube, dass ich bei der Bayrischen Vierrad GmbH insbesondere den guten Überblick über die Bedarfssituation der Autohersteller, meine Erfahrungen in der Integration der Zulieferer und in bereichsübergreifender Projektarbeit gut einbringen kann.

Ich freue mich auf die Herausforderungen, die vor uns liegen, und hoffe, Ihnen einen kurzen Einblick in meine Entwicklung gegeben zu haben.«

Den Medieneinsatz sollten Sie ebenfalls simulieren. Machen Sie sich auf DIN-A4-Blättern passende Skizzen für Flipchart, Overhead oder Whiteboard. Am besten ist es, wenn Sie das Schreiben an der Flipchart ebenfalls im Vorfeld üben.

Die nachfolgenden Abbildungen zeichnen die schrittweise Visualisierung der dreiminütigen Selbstpräsentation an der Flipchart nach. Es ist üblich, dabei mit Abkürzungen zu arbeiten.

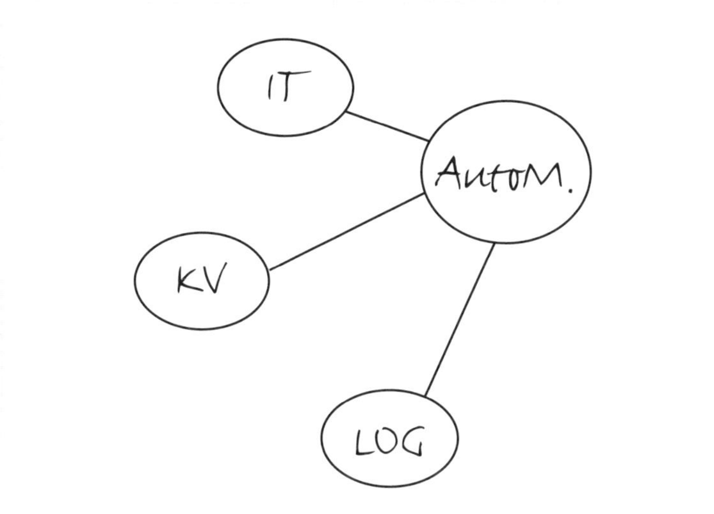


Begleitende Visualisierung zu Absatz 2 Flipchart

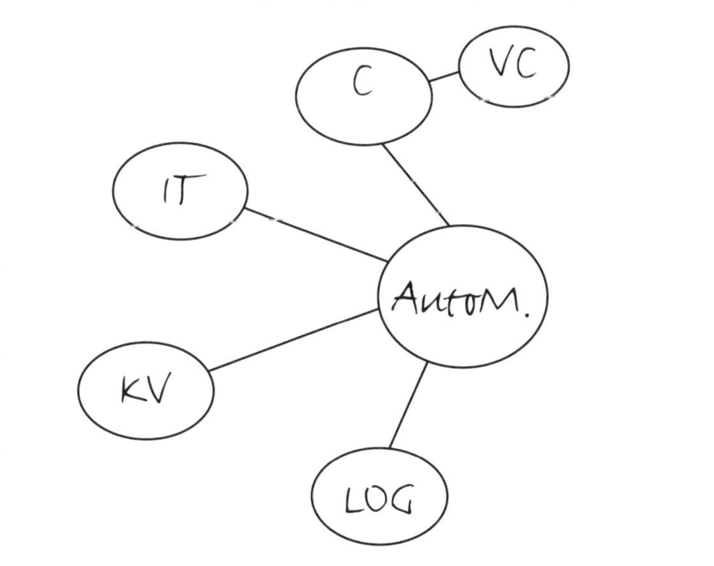


Begleitende Visualisierung zu Absatz 3 Flipchart

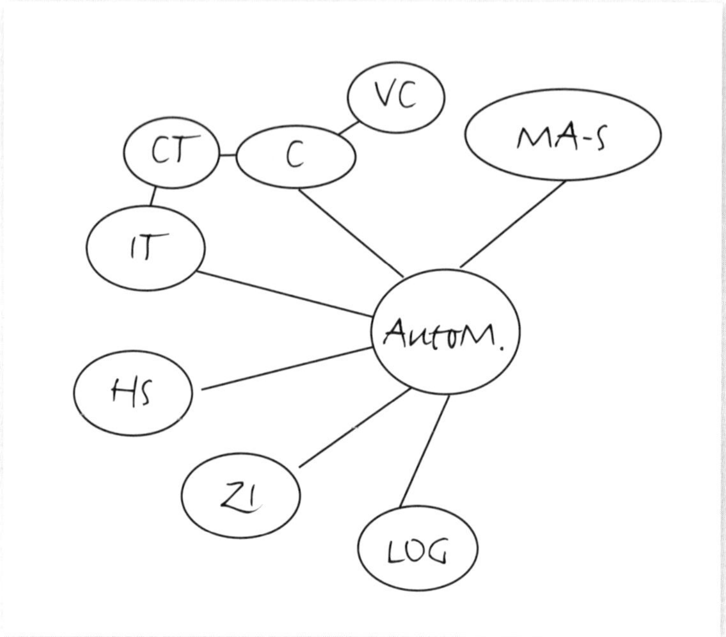


Begleitende Visualisierung zu den Absätzen 4 und 5 Flipchart

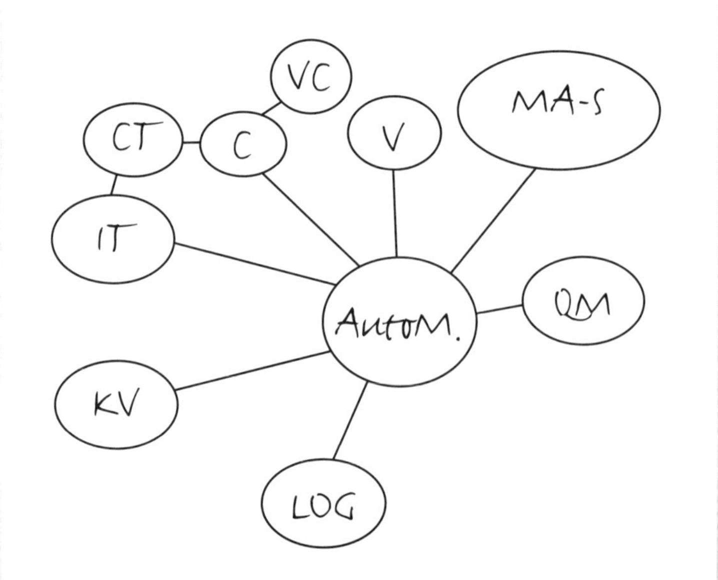


Begleitende Visualisierung zu Absatz 6 Flipchart

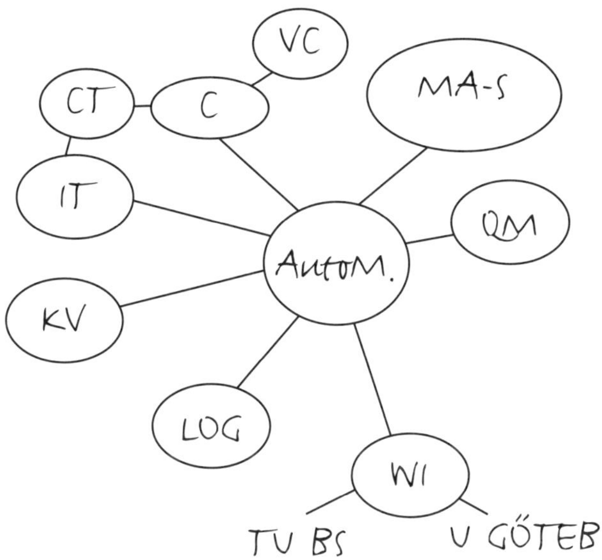


Begleitende Visualisierung zu den Absätzen 7 und 8 Flipchart

Kommentar zum Positivbeispiel Selbstpräsentation

Auch der Young Professional Volker Thomsen kann mit seiner Selbstpräsentation überzeugen. Er bringt zwei Jahre Berufserfahrung mit, die er von vornherein in den Mittelpunkt seiner Ausführungen stellt. Dabei konzentriert er sich geschickt auf die Aufgaben, die ein hohes Soft-Skills-Potenzial erfordern.

So nennt er beispielsweise »die organisatorische Abstimmung«, »den internationalen Rollout«, »die Restrukturierung«, »den First-Level-Support«, »die Schnittstellenfunktion« und »die konzernweite Verankerung eines kundenorientierten Qualitätsbegriffs«. Auf diese Weise macht er nachvollziehbar, dass er über Soft Skills verfügt wie Organisationstalent, Durchsetzungsfähigkeit, analytisches Denken, Kommunikationsfähigkeit, Teamfähigkeit und unternehmerisches Denken. Auch die fachlichen Aufgaben werden von ihm kurz angerissen, sodass sich die Beobachter aus den einzelnen Fachabteilungen ebenfalls angesprochen fühlen.

Insgesamt erfüllt Herr Thomsen die Aufgabenstellung sehr gut. Er nutzt die vorgegebene Zeit optimal für einen Input über seine Qualifikationen. Seine Visualisierungen unterstützen dabei noch das Gesagte. Weil Herr Thomsen sich dazu entschieden hat, mit der Flipchart zu arbeiten, kann er zudem Dynamik in seine Selbstpräsentation bringen. Damit trifft er auch die Beobachtungsdimension Begeisterungsfähigkeit. Die Strategie von Herrn Thomsen geht auf: Er macht die Beobachter schon früh darauf aufmerksam, dass sich hier ein Top-Kandidat empfiehlt.

### Selbstpräsentation 3: Strukturierte Selbstpräsentation (15 bis 20 Minuten)

*Nutzen Sie die Vorbereitungszeit*

Einige Unternehmen sind mittlerweile dazu übergegangen, im Assessment-Center sehr umfangreiche Selbstpräsentationen einzufordern. Für diese ausführlichen Präsentationen wird den Kandidaten ein größerer Zeitraum zur Vorbereitung eingeräumt. Beispielsweise kommt es manchmal vor, dass Sie bereits einige Tage vor dem Assessment-Center die Aufforderung erhalten, zu Hause eine Selbstpräsentation auszuarbeiten. Bei mehrtägigen ACs kann es auch sein, dass die Aufgabenstellung am Anreisetag gegeben wird. Den Kandidatinnen und Kandidaten bleibt dann noch der erste Abend vor dem eigentlichen Start für die Vorbereitung.

Diese ausführliche Übungsform heißt auch »strukturierte Selbstpräsentation«. Im Gegensatz zur Kurzvorstellung oder einer knappen Selbstpräsentation werden bei dieser Variante größere Zeitvorgaben gemacht. Wir haben es häufig erlebt, dass die Kandidaten für ihre strukturierte Selbstpräsentation 15 bis 20 Minuten eingeräumt bekommen. Anders als bei der freien und knappen Form sollen die Kandidaten hier auch oft vorgegebene Frageblöcke abarbeiten beziehungsweise bestimmte Informationen in ihre Selbstpräsentation einfließen lassen. Bei der Gestaltung der strukturierten Selbstpräsentation, beispielsweise beim Einsatz von Medien, sind sie dagegen meistens frei. Strukturierte Selbstpräsentationen werden vorrangig eingesetzt, wenn man neue Unternehmensrepräsentanten sucht. Damit hat die strukturierte Selbstpräsentation den Charakter eines Probeauftritts vor fremdem Publikum: Die Kandidatinnen und Kandidaten präsentieren sich und ihre bisherigen Leistungen. Eingefordert wird dabei ein über einen längeren Zeitraum hinweg souveräner Auftritt.

Die Arbeitsanweisung für eine strukturierte Selbstpräsentation könnte so aussehen wie in der folgenden Übung. Wenn Sie noch weitere Anregungen benötigen, schauen Sie sich unser Beispiel auf Seite 61 an.

## Übung: Strukturierte Selbstpräsentation

ÜBUNG

Liebe Kandidatin, lieber Kandidat,
Sie erhalten dieses Dokument zur Vorbereitung auf eine Übung innerhalb Ihres Assessment-Centers bereits heute, fünf Tage vor Ihrem AC, um Ihnen die Möglichkeit einer gründlichen Vorbereitung zu Hause zu eröffnen.
Diese Übung, die strukturierte Selbstpräsentation, fällt aus dem Rahmen des Assessment-Center-Szenarios heraus, weil sie Ihnen die Gelegenheit bietet, sich den anwesenden Beobachtern aus dem Unternehmen persönlich und umfassend vorzustellen.
Sie haben dafür im Assessment-Center 15 Minuten Zeit. Bitte überziehen Sie nicht, aber nutzen Sie nach Möglichkeit die gesamte Ihnen zur Verfügung stehende Zeit aus!
Die Gestaltung der Selbstpräsentation überlassen wir Ihnen, wir bitten Sie aber, einige Punkte zu beachten:

- → Bitte geben Sie einen kurzen Abriss Ihres Werdegangs und schildern Sie kurz Ihre aktuelle Position. Gehen Sie bitte auf Ihre Erfahrungen und Kenntnisse ein, die Sie zurzeit einsetzen. Was sind aus Ihrer Sicht die Schlüsselqualifikationen Ihrer Position?
- → Stellen Sie Ihre Stärken, aber auch Ihre Entwicklungsnotwendigkeiten differenziert vor.
- → Für die mögliche Übernahme einer erweiterten Führungsaufgabe stellen Sie bitte Ihr persönliches Führungsmodell dar. Was zeichnet Sie in der operativen Führung aus oder was könnte Sie auszeichnen?
- → Beantworten Sie bitte zudem die folgenden Fragen: Wo konnten Sie bereits Veränderungen initiieren? Welche Ziele haben Sie für Ihre persönliche Zukunft?

→ FORTSETZUNG AUF DER NÄCHSTEN SEITE

→ Folgende Medien können Sie nutzen: Flipchart, Overhead, Whiteboard und Metaplan. Der Gebrauch von Notebooks und Beamern ist nicht vorgesehen!

Bitte nehmen Sie bei Bedarf für Ihre strukturierte Selbstpräsentation weitere DIN-A4-Blätter hinzu.

Medieneinsatz

Überlegen Sie sich, welche Medien Sie einsetzen können/dürfen/müssen. Auch hier sollten Sie Skizzen mit Grafiken, Zeichnungen oder Tabellen auf DIN-A4-Blättern anfertigen. Dabei können Sie sich an unseren Vorschlägen für die drei- bis fünfminütige Selbstpräsentation orientieren.

Positivbeispiel: Gelungene strukturierte Selbstpräsentation (15 Minuten)

Christoph Schmitz ist Senior Manager bei der international tätigen Unternehmensberatung Obermann & Partner. Sein Unternehmen befindet sich in einer Phase der Umstrukturierung. Die Bereiche Wirtschaftsprüfung und Unternehmensberatung sollen mehr als bisher gekoppelt werden. Daher hat die Geschäftsführung sich dazu entschieden, ein Personalentwicklungs-AC in Form eines Potenzialworkshops durchzuführen. Die Teilnahme am Assessment-Center ist für alle Führungskräfte Pflicht. Bestandteil des Assessment-Centers ist eine strukturierte Selbstpräsentation. Die vorab übermittelte Arbeitsanweisung zu dieser Übung haben wir Ihnen bereits auf Seite 59 vorgestellt.

(Anmerkung: Die unterstrichenen Schlagworte werden abgekürzt für die darauf folgende Flipchart-Visualisierung eingesetzt. Daher wurden die Absätze auch durchnummeriert.)

»Sehr geehrte Damen und Herren, mein Name ist Christoph Schmitz. Ich bin Senior Manager im Bereich Strategie und Innovation. Im Folgenden möchte ich Ihnen zunächst einen ❶ Abriss über meine aktuellen Aufgaben geben. Dann werde ich die für meine Position wesentlichen Qualifikationen für Sie beleuchten und dabei auch einen kurzen Blick auf meine berufliche Entwicklung und den meiner Meinung nach wünschenswerten Ausbau meines Potenzials werfen. Was meine Führungsaufgaben anbelangt, so werde ich Ihnen hier einen Überblick über wesentliche Herausforderungen geben. Da ich im Change-Management sowohl intern als auch extern bereits wichtige Projekte angeschoben habe, wird die Darstellung dieser Maßnahmen dann einen weiteren Teil meiner Selbstpräsentation ausmachen. Abschließen möchte ich mit einem Ausblick auf meine persönlichen und beruflichen Ziele.

Lassen Sie uns mit meinen heutigen Aufgaben beginnen. ❷ Ich bin als Senior Manager für unterschiedliche Management- und Consultingaufgaben zuständig. Im Managementbereich ist hier die Entwicklung und Umsetzung von Business-Deve-

→ FORTSETZUNG AUF DER NÄCHSTEN SEITE

lopment-Strategien zu nennen. Dazu gehört die Entwicklung branchenspezifischer Marketingpläne, der Aufbau von E-Commerce-Plattformen zur Kundenansprache sowie die Weiterentwicklung der Client-Integration-Services-Organisation für das Gesamtunternehmen, das heißt sowohl für den Geschäftsbereich Wirtschaftsprüfung als auch für den Bereich der Unternehmensberatung. Als Mitglied des Managementteams für die Business-to-Business-Consulting-Services in Europa und Asien arbeite ich direkt unserem Vorstand zu.

Im Consultingbereich arbeite ich vorrangig für international aufgestellte Großunternehmen und führe strategische Managementberatungen mit den folgenden Schwerpunkten durch:

→ Business-Development,
→ Go-to-Markets-Strategien,
→ Business-Integration,
→ Business-Process-Reengineering,
→ Post-Merger-Integration und
→ Change-Management.

❸ Ganz kurz zu meiner beruflichen Entwicklung: Vor meiner heutigen Tätigkeit bei der Unternehmensberatung Obermann & Partner war ich Manager für Knowledge- und Change-Management bei der Mayerschen Consult AG. Hauptaufgabe war damals die Leitung globaler Business-Transformation-Programme. Meinen beruflichen Einstieg habe ich als Junior Consultant bei der Mayerschen Consult AG gemacht. Die Grundlage für meine weitere Entwicklung war meine Ausbildung zum Bankkaufmann, die ich durch ein BWL-Studium ergänzt habe. Vor einem Jahr habe ich zusätzlich noch meinen MBA an der London Business School erworben.

❹ Für die erfolgreiche Bearbeitung sowohl der Management- als auch der Beratungsaufgaben spielen meiner Meinung nach die folgenden Qualifikationen eine Schlüsselrolle:

→ unternehmerische Orientierung,
→ umfassendes Branchenwissen,
→ analytische Kompetenz,
→ Organisationsstärke,
→ Kundenorientierung,

→ kommunikatives Geschick und
→ Führungsstärke.

Nun einige Ausführungen zu den einzelnen Schlüsselqualifikationen:

Unternehmerische Orientierung: Ich halte es für wesentlich, die internen Prozesse auf den Markt und den Kunden zu fokussieren. Daher habe ich mich auch stark mit der Wertschöpfungskette unseres Unternehmens beschäftigt, um die Strategie und die Value-Chain zu optimieren. Das, was wir seit langem unseren Mandanten predigen, sollten wir auch stärker als bisher hier bei uns im Unternehmen verankern. Daher spielt die unternehmerische Orientierung sowohl bei Mandanten als auch im Unternehmen eine herausragende Rolle.

Umfassendes Brachenwissen: Kundenakquise setzt natürlich sehr gutes Branchenwissen voraus. Wer es nicht schafft, die spezifischen Sorgen und Nöte des Kunden zu thematisieren, wird nicht akzeptiert. In diesem Punkt sind wir bei Obermann & Partner sehr gut aufgestellt. Insbesondere unser Ansatz, dass wir in zumindest zwei Branchen Experten sind, zahlt sich immer wieder bei der Übertragung von Geschäftsmodellen und -prozessen aus.

Analytische Kompetenz: Analytische Kompetenz ist nicht nur beim Kunden notwendig, sondern auch, weil Arbeitsabläufe ständig hinterfragt werden sollten. Nur eine genaue und zutreffende Bestandsaufnahme eröffnet die Möglichkeit, differenziert an den richtigen Stellschrauben anzusetzen, um so Optimierungen zu erzielen.

Organisationsstärke: Da ich sowohl interne Management- als auch externe Beratungsaufgaben wahrnehme, muss ich sehr gut organisiert sein. Zur Organisationsstärke gehört für mich auch die Fähigkeit, bereichsübergreifend tätig sein zu können, sich in internationalen Teams zu bewähren und komplexe Aufgaben bewältigen zu können. Nicht zuletzt ist auch ein gutes Zeitmanagement wichtig. Mit diesen Stärken werden wir auch in Zukunft sehr herausfordernde Aufgabenstellungen mit eher knappen Ressourcen bewältigen können.

Kundenorientierung: Kundenorientierung darf nicht zum bloßen Schlagwort verkommen. Wir müssen auch intern die

→ FORTSETZUNG AUF DER NÄCHSTEN SEITE

Prozesse noch besser als bisher auf unseren internationalen Kundenstamm ausrichten. Zusätzlich gilt, was ich Ihnen schon zu den Punkten unternehmerische Orientierung und Branchenwissen vorgestellt habe.

Kommunikatives Geschick: Nur wer sich ausdrücken kann, wird auch Gehör finden. Wir sind in einer Branche tätig, in der es sehr wichtig ist zu kommunizieren. Die Kunden wollen angesprochen, informiert und überzeugt werden. Kommunikation schafft ein Wir-Gefühl, trägt dazu bei, die Begeisterungsfähigkeit zu erhöhen, und dient der Motivation und der Abstimmung im Team. Das gilt natürlich nicht nur für die externe Kommunikation mit Mandanten, sondern auch für die interne.

Führungsstärke: Ich führe zehn Mitarbeiter und halte dabei Kommunikation für einen ganz wesentlichen Faktor. Es ist mir wichtig, den Mitarbeitern zu erläutern, warum ich bestimmte Anforderungen stelle. Das hat dazu geführt, dass ich ein schlagkräftiges Team habe, auf das ich mich auch bei Arbeitsspitzen voll und ganz verlassen kann. Da mein Team überwiegend in Projekten arbeitet, muss ich alle Beteiligten immer wieder neu einbinden, anleiten, überzeugen und motivieren. Das ist mir bisher sehr gut gelungen.

❺ In den genannten Schlüsselqualifikationen sehe ich auch ganz klar meine Stärken.

❻ Im Business-to-Governments-Bereich würde ich mich gerne noch weiterentwickeln, da ich hier zukünftig einen großen Beratungsbedarf und damit einen interessanten Markt sehe. Dieser Markt hat seine eigenen Gesetzmäßigkeiten, in die ich mich gern weiter einarbeiten würde. Die Prozesse und Abläufe in Behörden und Institutionen sind anders als in der Wirtschaft, zudem gilt es auch, die besonderen rechtlichen Vorgaben und Rahmenbedingungen zu berücksichtigen.

❼ Nun zu meinem persönlichen Führungsmodell: Ich bevorzuge das Führen durch Zielvereinbarungen (MBO). Dabei sehe ich mich als Vermittler der Unternehmensinteressen für die operative Arbeit. Komplexe Aufgaben zergliedere ich so, dass sie handhabbar werden. Bei der Übertragung von Aufgaben auf meine Mitarbeiter achte ich darauf, ihren Stärken und Schwächen gerecht zu werden, um sie weder zu über- noch zu unterfordern. Wichtig ist mir ein strukturiertes und planmäßiges Vorgehen. Dies vermittle ich meinen Mitarbeitern durch klare Zielvorgaben, die Überprüfung von Teilschritten und eine stete Prozessbegleitung. Damit meine Mitarbeiter wissen, worum es bei ihren Aufgaben geht und was sie zur Wertschöpfung im Unternehmen beitragen können, erläutere ich auch immer den Gesamtzusammenhang, in dem die jeweiligen Aktivitäten stehen. Ich habe gemerkt, dass ich sie dadurch am besten motivieren kann.

Für meine Mitarbeiter bin ich immer ansprechbar. Dies habe ich offen kommuniziert, und sie nutzen dies auch: um mich auf dem Laufenden zu halten oder auch, wenn sie einmal nicht weiterwissen. Ich glaube, dass es wichtiger ist, rechtzeitig gegenzusteuern, als den Dingen ihren Lauf zu lassen. Mit meiner Mischung aus klaren Vorgaben und Freiräumen bei der Erledigung von Aufgaben kommen meine Mitarbeiter sehr gut zurecht. Es hat sich eine sehr ergebnisorientierte, durch gegenseitigen Respekt gekennzeichnete Arbeitsatmosphäre entwickelt. ❽

Abschließend möchte ich auf die Fragen nach bereits erfolgten Veränderungen und meinen persönlichen Zielen eingehen. Change-Management gehört für mich nicht nur zu meiner Positionsbeschreibung, sondern es ist für mich ein wesentlicher Aspekt, um immer flexibel auf Marktanforderungen reagieren zu können. Restrukturierungen, Outsourcing, Übernahmen und Integrationen gehören für mich seit langem zur täglichen Arbeit. Doch nicht nur das: Ich habe mir auch persönlich immer die Lust an neuen Aufgaben und Herausforderungen bewahrt. Die letzte große Veränderung, die ich initiiert habe, war die Definition und Implementierung von Wachstumsstrategien bei uns im Unternehmen. Bereits jetzt stellen sich die ersten positiven Effekte ein. Zudem war ich an der Einführung von Coaching-Maßnahmen beteiligt, um das Potenzial unserer Mitarbeiter besser als bisher erkennen und nutzen zu können. ❾

Meine persönlichen Ziele liegen in der mittelfristigen Übernahme von Verantwortung für einzelne Geschäftseinheiten. Ich glaube, dass ich meine Stärken gut in der Ausrichtung einzelner Einheiten auf zukünftige Anforderungen einbringen ❿

→ FORTSETZUNG AUF DER NÄCHSTEN SEITE

könnte, insbesondere bei der engeren Verzahnung von Wirtschaftsprüfung und Unternehmensberatung. Mehr als bisher möchte ich meine Netzwerke auch für Akquisitionen nutzen. Meine kommunikativen Fähigkeiten, mein Organisationstalent, meine Führungsstärke und nicht zuletzt meine unternehmerische Ausrichtung bilden dafür meiner Überzeugung nach eine gute Basis.

Vielen Dank für Ihre Aufmerksamkeit. Ich hoffe, dass ich das Bild, das Sie bisher schon von mir hatten, nun noch etwas genauer konturieren konnte. Lassen Sie uns alle weiterhin so gut wie bisher an der erfolgreichen Neuausrichtung unseres Unternehmens mitarbeiten. Danke!«

Die nachfolgenden Abbildungen zeigen die schrittweise Visualisierung der strukturierten 15-minütigen Selbstpräsentation durch Flipchart und Overheadprojektor. Die unterstrichenen Begriffe kennzeichnen dabei die in der Visualisierung übernommenen Schlagworte.

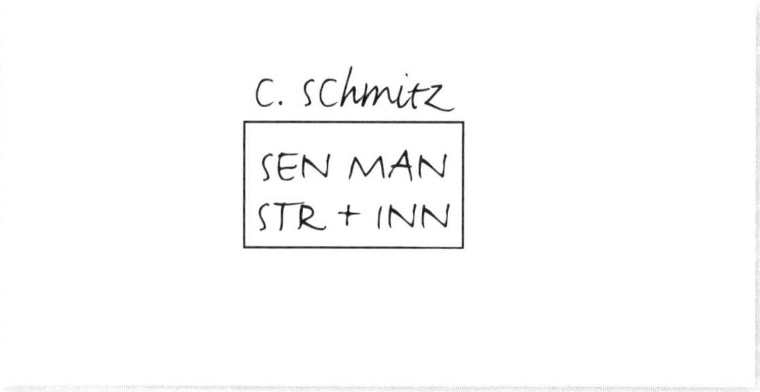


Begleitende Visualisierung zu Absatz 1 Flipchart

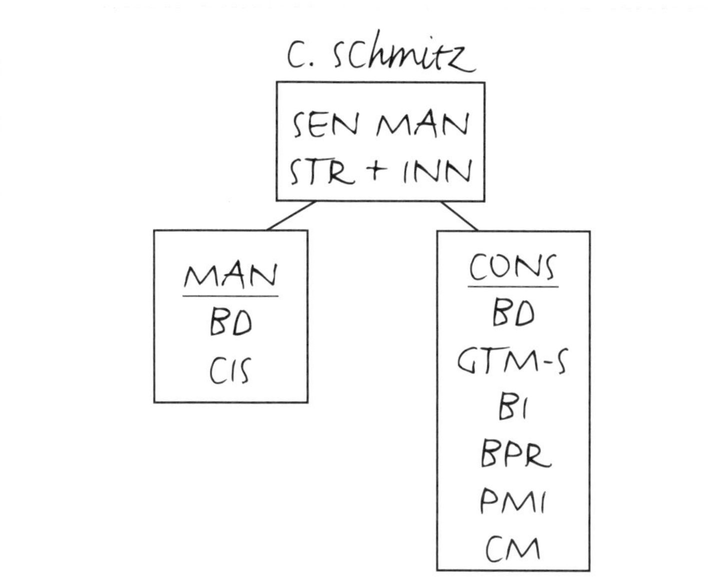


Begleitende Visualisierung zu Absatz 2 Flipchart

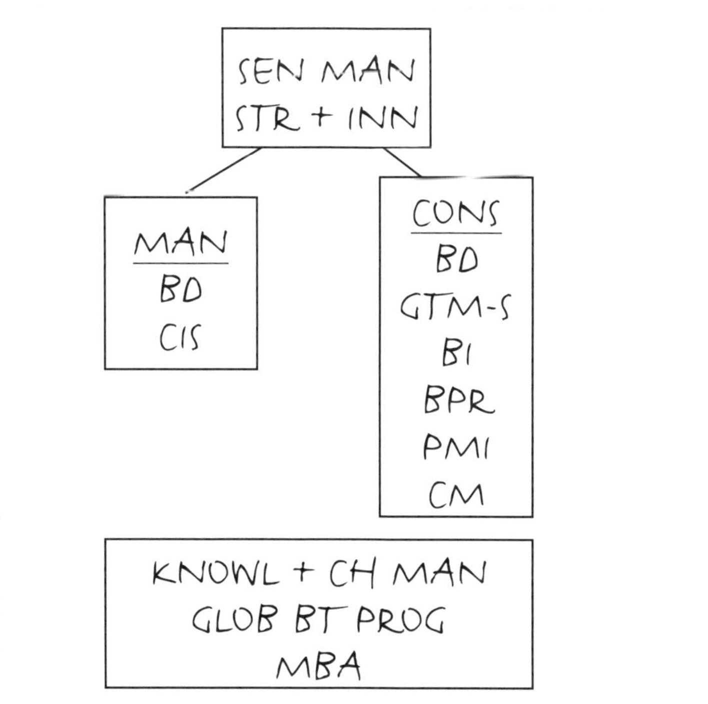


Begleitende Visualisierung zu Absatz 3 Flipchart

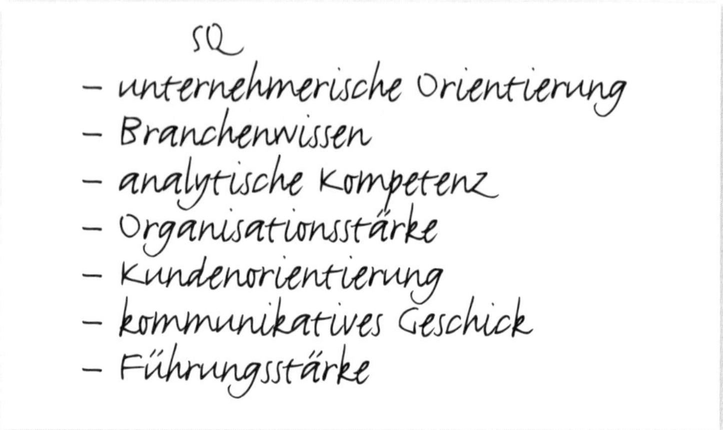


Begleitende Visualisierung zu Absatz 4 Overheadfolie

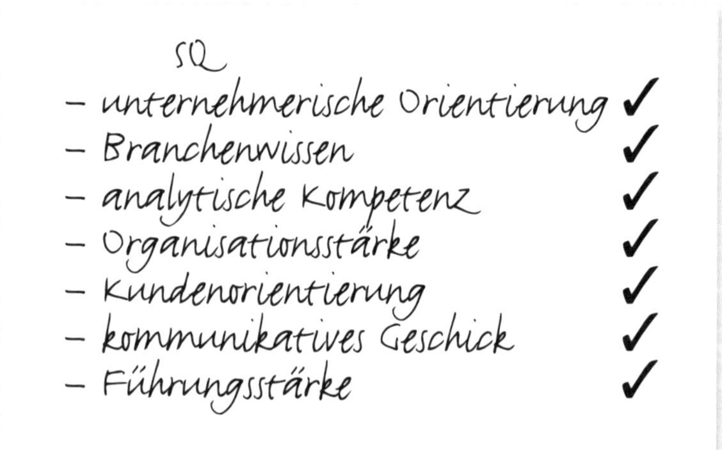


Begleitende Visualisierung zu Absatz 5 Overheadfolie

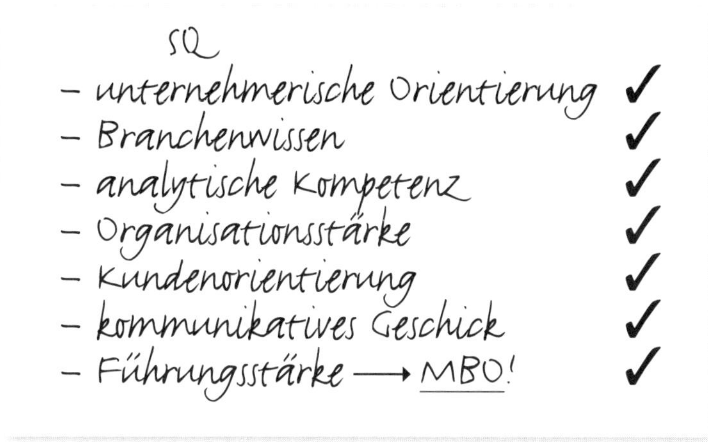


Begleitende Visualisierung zu Absatz 7 Overheadfolie

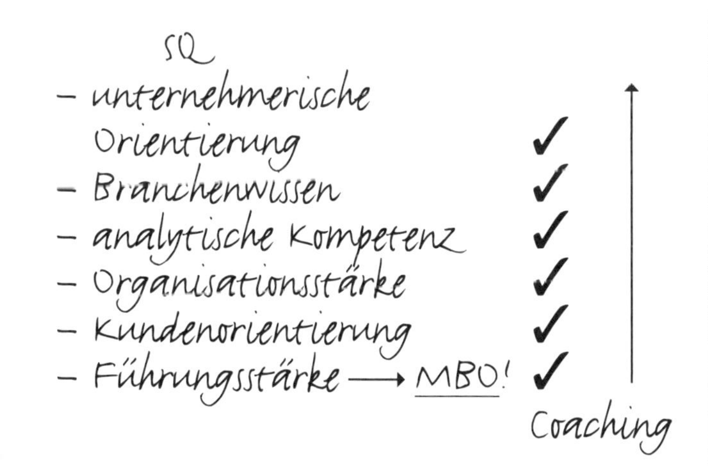


Begleitende Visualisierung zu Absatz 9 Overheadfolie

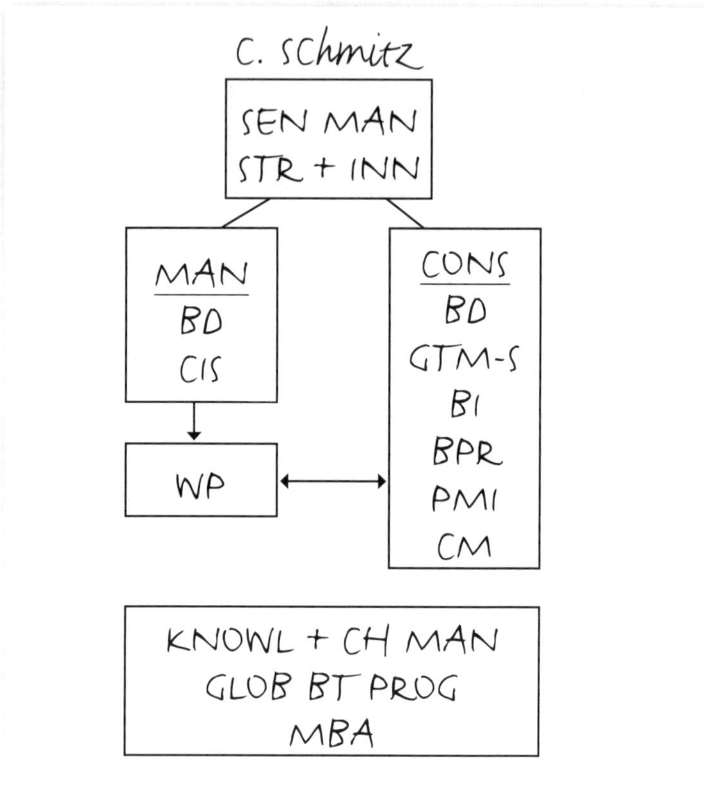


Begleitende Visualisierung zu Absatz 10 Flipchart

Kommentar zum Positivbeispiel strukturierte Selbstpräsentation

Herr Christoph Schmitz überzeugt mit einer rundum gelungenen, strukturierten Selbstpräsentation. Dabei setzt er auch die Medien, Flipchart und Overheadprojektor, wirkungsvoll ein, um seine Ausführungen zu unterstützen. Gleichzeitig achtet er darauf, dass der Medieneinsatz nicht die Oberhand gewinnt, denn dann könnte die Selbstpräsentation zu einer reinen Medienshow verkommen.

Indem er am Anfang die Aufgabenstellung noch einmal aufgreift, strukturiert Christoph Schmitz seine Ausführungen. Dabei wiederholt er die Anweisung nicht wortwörtlich, sondern benutzt eigene Worte zur Einleitung in die Selbstpräsentation.

Damit seine Ausführungen auch bei den Zuhörern im

Gedächtnis haften bleiben, hat er unter anderem eine Overheadfolie mit den Schlüsselqualifikationen seiner Position eingesetzt. Auch für die Schwerpunkte seiner momentanen Tätigkeit nutzt er diese Vorgehensweise. Dabei hat er darauf geachtet, die Folien nicht zu überladen. Er hält sich sogar an die Präsentationsgrundregel »Nicht mehr als sieben Aussagen auf einer Folie!«.

Herr Schmitz arbeitet die Zusammenhänge zwischen den geforderten Qualifikationen und eigenen Stärken sehr gut heraus. Bei den Ausführungen zu den Schlüsselqualifikationen benennt er berufsnahe Beispiele, die den Beobachtern zeigen, dass er keine Floskeln verwendet, sondern sich intensiv mit seinem Soft-Skill-Potenzial auseinandergesetzt hat.

Bei den Ausführungen zu seinem persönlichen Führungsmodell behält er den aussagekräftigen und plausiblen Stil bei. Er betet kein abstraktes Managementwissen herunter, sondern füllt seine Ausführungen stets mit Erlebtem aus dem Führungsalltag.

Nicht zufällig decken sich die vorgestellten persönlichen Ziele optimal mit den zukünftigen Unternehmenszielen. Herr Schmitz hat Strategiepapiere des Unternehmens gelesen und die Unternehmens-PR noch einmal durchleuchtet, um zielgenau punkten zu können. Hier präsentiert sich ein Kandidat, der das Unternehmen ohne Wenn und Aber in hervorragender Weise nach außen vertreten und intern neu ausrichten kann.

*Ihr individuelles Profil*

Nutzen Sie die drei vorgestellten Positivbeispiele für Selbstpräsentationen im Assessment-Center, um Ihre eigene Selbstpräsentation optimal auszuarbeiten. Bedenken Sie, dass Sie einen individuellen Auftritt hinlegen müssen. Verwenden Sie unsere Beispiele also zur Orientierung und als Anregung. Entwickeln Sie eine eigene Selbstpräsentation, in der Ihr persönliches Profil deutlich wird. Weitere Tipps zur Ausarbeitung Ihrer Selbstpräsentation finden Sie in der folgenden Checkliste.

CHECKLISTE

## Checkliste Selbstpräsentation

- ◯ Ist Ihnen die Aufgabenstellung für die Selbstpräsentation klar? Müssen Sie bestimmte Fragen beantworten oder auf besondere Aspekte eingehen?
- ◯ Haben Sie eine Kurzvorstellung, eine knappe Selbstpräsentation und gegebenenfalls eine strukturierte Selbstpräsentation ausgearbeitet?
- ◯ Sind in Ihrer Selbstpräsentation Berührungspunkte mit den neuen Aufgaben zu erkennen?
- ◯ Liefern Sie konkrete Beispiele aus Ihrem bisherigen Werdegang, mit denen Sie die gewünschten Qualifikationen (Führungserfahrung, Vertriebsorientierung, Leistungswille) belegen können?
- ◯ Verweisen Sie auf Erfolge in Ihrer bisherigen Arbeit und können Sie diese Erfolge mit plausiblen Beispielen belegen?
- ◯ Stehen in Ihrer Selbstpräsentation die beruflichen Aspekte im Vordergrund, und haben Sie eine Ausrichtung auf Freizeit und Hobbys vermieden?
- ◯ Haben Sie Ihre Erfahrungen und Kenntnisse sachlich dargestellt und beschrieben?
- ◯ Verzichten Sie auf Relativierungen, Abwertungen und Kritik?
- ◯ Nutzen Sie die zur Verfügung stehenden Medien optimal?
- ◯ Können Sie mit den typischen Medien wie Overhead, Flipchart, Metaplan, Whiteboard sicher umgehen?
- ◯ Haben Sie sich geeignete Visualisierungen für Ihre Selbstdarstellung überlegt?

- ◯ Halten Sie die vorgegebene Zeit ein?
- ◯ Stehen Sie frei auf der Vortragsbühne?
- ◯ Berücksichtigen Sie das »Prinzip der freien Hände«?
- ◯ Vermeiden Sie Stress- und Verlegenheitsgesten?
- ◯ Sind Ihre Sprechgeschwindigkeit und Ihre Lautstärke angemessen?
- ◯ Halten Sie den Blickkontakt zu Ihren Zuhörern?
- ◯ Hinterlässt Ihre Selbstpräsentation insgesamt den Eindruck eines Leistungsträgers beziehungsweise einer Leistungsträgerin mit Macherqualitäten?

# Gruppendiskussion: Geben Sie die richtigen Impulse

**Gruppendiskussionen sind ein typischer Übungsteil von Assessment-Centern. Nur in Ausnahmefällen, wie bei einem Einzel-AC, sind sie nicht vorgesehen. Die Ausgestaltung kann dabei sehr variieren. Im Kern geht es aber immer darum, mit den anderen Kandidaten über ein vorgegebenes Thema unter Zeitdruck zu diskutieren. Unterschiede ergeben sich durch das Material, das die Kandidatinnen und Kandidaten vorab gestellt bekommen. Manchmal müssen sie sich in eine bestimmte Rolle (berufliche Position) hineinfinden und aus dieser heraus argumentieren. Zum Teil wird die Leitung der Diskussion an einen bestimmten Kandidaten übergeben. Dann steht zusätzlich zu seinen kommunikativen Fähigkeiten auch seine Führungskompetenz auf dem Prüfstand.**

### Warum wird diese Übung eingesetzt?

*Im direkten Vergleich*

Sicherlich ist die direkte Vergleichsmöglichkeit der Kandidaten einer der wesentlichen Punkte, die diese Übung so beliebt bei den Unternehmen machen. Interessant sind die gruppendynamischen Aspekte, die in Einzelübungen wegfallen: Wie können sich einzelne Kandidaten in der Gruppe behaupten? Wie gehen sie mit ihren Mitdiskutierenden um? Und wie flexibel reagieren die Kandidaten? Aus dem Verhalten der Teilnehmer bei einer Gruppendiskussion lässt sich aus Sicht der Unternehmen auf ihr Verhalten im Arbeitsalltag schließen. Schließlich sind Meetings, Konferenzen und Teamsitzungen feste Bestandteile der Arbeitsabläufe. Je weniger direktive Führung durch Anordnung in den Unternehmen gewünscht wird, desto größer ist der Bedarf am Abgleich von Argumenten, Ideen und Vorschlägen der Mitarbeiter. Dieser Prozess des Diskutierens und Abwägens darf sich aber nicht verselbstständigen. Schließlich möchten die Unternehmen auch Ergebnisse sehen.

### Worauf achten die Beobachter?

*Wie verhalten Sie sich?*

Da das Geschehen in Gruppendiskussionen sehr komplex ist, können die Beobachter vielfältige Rückschlüsse aus dem Verhalten der einzelnen Teilnehmer auf ihr jeweiliges Soft-Skill-Potenzial ziehen. Verdeutlichen Ihre Argumente, dass Sie den Sachverhalt richtig analysiert haben? Können Sie andere von Ihrem Standpunkt überzeugen? Und reagieren Sie flexibel auf unterschiedliche Typen von Diskussionsteilnehmern? Gesucht wird nicht nur der reine Moderator, der die Ergebnisse anderer zusammenfasst. Kandidaten müssen eigene Argumente liefern können. Um die Diskussion in Schwung zu halten, wird es manchmal notwendig sein, ruhige Kandidaten mit einzubinden. Damit die Gruppe nicht vom Thema abschweift, müssen aber auch Streithähne gebremst werden. Zwischen- und Schlusszusammenfassungen zeigen den Beobachtern, dass die Kandidatin oder der Kandidat strukturiert und ergebnisorientiert vorgehen kann.

### Typische Fehler

Es kommt nur selten vor, dass eine Gruppendiskussion tatsächlich in der vorgegebenen Zeit mit einem Ergebnis beendet wird. Im Regelfall verlieren sich die Teilnehmer in Detailfragen, ohne konsequent auf eine Einigung hinzuarbeiten. Immer wieder versuchen Kandidaten, sich durch ihr Fachwissen zu profilieren. Es ist ihnen dann egal, ob die anderen ihre Argumentationen überhaupt nachvollziehen können.

Zusammenfassungen zur Ergebnissicherung fehlen ebenfalls in den meisten Fällen. Dies führt dazu, dass sich Gruppendiskussionen sehr oft im Kreis drehen, ohne dass es zu neuen Erkenntnissen kommt. Wer wissend schweigt, tut sich aber auch keinen Gefallen. Den Kandidaten wird schnell fehlendes Engagement unterstellt, was im Assessment-Center ein Kardinalfehler ist. Aber auch wer versucht, andere in Grund und Boden zu reden, wird keine gute Bewertung erzielen können, da es ihm an Einfühlungsvermögen und Teamgeist mangelt. Eine Emotionalisierung der Gruppendiskussion durch persönliche Angriffe wird von den Beobachtern äußerst negativ bewertet.

## Sinnvolle Strategien

*Zeit und Ziel im Blick*

Zunächst einmal müssen Sie den zeitlichen Ablauf im Blick behalten. Notieren Sie daher zu Beginn der Diskussion groß und deutlich die Endzeit in Ihren Unterlagen. Vor dem eigentlichen Beginn der Übung sollten Sie sich überlegen, welche Argumente eine Rolle spielen könnten. Sammeln Sie zunächst Ihre Überlegungen in Form eines Brainstormings. Dann können Sie die besonders prägnanten Aspekte auswählen. Steigen Sie möglichst früh in die Diskussion ein und präsentieren Sie der Gruppe Ihre Ansätze stichwortartig. So vermeiden Sie, sich zu früh auf unproduktive Scharmützel zu Detailfragen einzulassen.

Nachdem Sie Ihre Ideen eingebracht haben, können Sie in die eigentliche Diskussion darüber einsteigen. Erfragen Sie die Vorstellungen der anderen Teilnehmer zu Ihren Punkten. Machen Sie sich kurze Notizen, falls andere Teilnehmer ebenfalls gute Ansätze äußern, um für die Zwischenzusammenfassung gerüstet zu sein. Sollten sich Diskussionsteilnehmer ineinander verbeißen, fällt es positiv auf, wenn Sie diesem unproduktiven Vorgehen Einhalt gebieten. Verweisen Sie auf die knappe Zeitvorgabe und darauf, dass nicht persönliche Animositäten, sondern das Unternehmensinteresse an einer Lösung im Vordergrund stehen sollte.

*Liefern Sie eine Zusammenfassung*

Kurz vor Ende der Gruppendiskussion sollten Sie eine Schlusszusammenfassung liefern. Stellen Sie Ihre Punkte noch einmal heraus und reichern Sie sie mit den wichtigen Beiträgen der anderen Teilnehmer an.

Wir werden Sie jetzt mit praxisnahen Aufgabenstellungen vertraut machen. Sie finden auf den nächsten Seiten acht Themen für die AC-Übung »Gruppendiskussion«, so wie sie von Firmen in der Praxis eingesetzt wird. Setzen Sie sich nun mit den Themenstellungen auseinander, um eine Vorstellung davon zu bekommen, was Sie in dieser Übung erwarten könnte.

**Typische Aufgabenstellungen in Gruppendiskussionen**

### Gruppendiskussion 1: Die ideale Führungskraft

BEISPIEL

Sie sind Frau Mölling, Personalreferentin bei der LUXUSGÜTER AG. Gleich kommen Herr Meier-Hagen und Herr Lorenzen zu Ihnen, beide sind ebenfalls Personalreferenten.

Sie sind von der Personalleitung aufgefordert worden, im Team einen Forderungskatalog zu erarbeiten, dem zukünftige Führungskräfte genügen müssen. Konzentrieren Sie sich dabei auf Persönlichkeitsfaktoren, die fachlichen Ansprüche werden von den Fachabteilungen festgelegt und später hinzugefügt. Definieren Sie einen Katalog von fünf zentralen Kompetenzen.

Als Vorbereitungszeit verbleiben Ihnen noch 20 Minuten. Die anschließende Diskussion dauert 30 Minuten.

### Gruppendiskussion 2: Die Zukunft der privaten Altersvorsorge

BEISPIEL

Sie sind Herr Jakob, Vorstandsreferent der VERSICHERUNGS AG. Ihr Chef, Herr Jäger, nimmt an einer Podiumsdiskussion zum Thema »Die Zukunft der privaten Altersvorsorge« teil. Er hat wenig Zeit und hat Sie daher gebeten, für ihn ein Konzept mit Argumenten zu entwickeln.

Zu Ihnen stoßen gleich die anderen drei Vorstandsreferenten, Frau Steinmeier, Herr Buschecker und Frau Nagel, um mit Ihnen das Konzept zu erarbeiten. Sie haben jetzt noch 30 Minuten Vorbereitungszeit, um Ihre Ideen festzuhalten. Danach werden Sie sich 45 Minuten lang mit den anderen drei Vorstandsreferenten abstimmen und ein präsentationsfähiges Konzept ausarbeiten. Einer aus Ihrer Gruppe wird anschließend die Ergebnisse der Diskussion dem Vorstand präsentieren.

BEISPIEL

## Gruppendiskussion 3: Eine neue Marketingkampagne

Entwerfen Sie bitte in einer Diskussionsrunde eine Marketingkampagne für das neue Biermixgetränk ISOTONIC BEER: Was muss bei einer europaweiten Einführung bedacht werden? Welche Medien sollten vorrangig eingesetzt werden? Welche Zielgruppen kommen infrage? Welche Events wären geeignete Plattformen für die Markteinführung?

Bereiten Sie sich in den nächsten 40 Minuten auf die Diskussion vor. Anschließend werden Sie mit den anderen Kandidaten 60 Minuten lang die neue Marketingkampagne entwerfen.

BEISPIEL

## Gruppendiskussion 4: Vertriebsunterstützung

Sie sind Herr Imhaus, Teamleiter Vertrieb bei der Bank AG. Gleich kommen Frau Meier-Petzke und Herr Lorenz zu Ihnen, sie sind beide ebenfalls Teamleiter. Ihre gemeinsame Aufgabe wird es sein, Maßnahmen zur Vertriebsunterstützung zu definieren. Was kann getan werden, damit der Vertrieb effektiver als bisher arbeitet?

Als Vorbereitungszeit verbleiben Ihnen noch 20 Minuten. Die anschließende Diskussion soll genau 18 Minuten dauern. Es gibt keine Zeitverlängerung, das Ergebnis muss nach der Diskussionszeit stehen!

BEISPIEL

## Gruppendiskussion 5: Flache Hierarchien

Sie sind Frau Müller, Regionalleiterin der Pharma AG und Projektleiterin im Change-Management. Gleich treffen Sie sich mit den anderen Regionalleitern Ihrer Firma.

Der Vorstand hat Sie im Rahmen des Change-Managements damit beauftragt, neue Organisationsstrukturen zu überprüfen und bei Bedarf einzuführen. Ihre Idee ist es, die Regionalleiterstellen – wie bei vielen anderen Pharmafirmen bereits geschehen – abzuschaffen. Diskutieren Sie mit Ihren Kollegen über diese Maßnahmen und werben Sie um Zustimmung für Ihren Vorschlag. Als Diskussionsleiterin werden Sie ein Protokoll erstellen und anschließend den Verlauf der Diskussion beim Vorstand nachzeichnen.

Sie haben keine Vorbereitungszeit. Bitte gehen Sie jetzt in den Konferenzraum, wo die anderen Regionalleiter bereits auf Sie warten. Der Vorstand erwartet Sie und Ihre Ergebnisse in 45 Minuten. Bitte kalkulieren Sie 5 Minuten für den Weg vom Konferenz- zum Präsentationsraum ein.

BEISPIEL

## Gruppendiskussion 6: Neue Ideen für den Vertrieb

Sie sind Vertriebsreferent bei der Telekom & Internet AG. Mit dem Vertrieb von Festnetzanschlüssen, Handyverträgen und Internetanschlüssen läuft es seit einiger Zeit nicht mehr so gut. Daher verlangt Ihr Bereichsleiter Vertrieb und Marketing Herr Haas von Ihnen und Ihren Kollegen, Herrn Backhaus (Marketingreferent), Frau Gutschlag (Vertriebsreferentin) und Herrn Simon (Produktmanager), ein Konzept mit neuen Ideen für den Vertrieb.

Sie haben noch 30 Minuten Vorbereitungszeit. Danach werden Sie 20 Minuten lang mit Ihren drei Kollegen das Konzept entwerfen.

BEISPIEL

### Gruppendiskussion 7: Entwicklungsperspektiven

Sie sind Referent bei der Energieversorger AG und treffen gleich Ihre Kollegen, die Referenten Böckler und Kauselmann.

Der Vorstand hat Sie und Ihre Kollegen gebeten, die zukünftige Marktentwicklung zu beleuchten und Geschäftsstrategien zu entwickeln. Ist die Konzentration aufs Kerngeschäft noch sinnvoll? Oder sollte stärker als bisher diversifiziert werden? Wo liegen Wachstumsfelder? Wo sehen Sie Risiken?

Herr Böckler und Herr Kauselmann treffen in 15 Minuten ein. Entwickeln Sie dann gemeinsam in 20 Minuten ein Konzept für eine Vorstandspräsentation.

BEISPIEL

### Gruppendiskussion 8: Nachwuchsprobleme

Sie sind Frau Carlsen, Personalreferentin der Einzelhandels GmbH & Co. Ihr Unternehmen hat im Management Nachwuchsprobleme. Besonders den Hochschulabsolventen erscheint der Handel als Arbeitgeber nicht attraktiv genug.

Dank Ihrer guten Kontakte zur Presse konnten Sie initiieren, dass das Wirtschaftsmagazin Absolventenkarriere jetzt über das Unternehmen berichten wird. Sie wollen diese Gelegenheit für das Personalmarketing nutzen, um auf die guten Entwicklungsmöglichkeiten für Führungsnachwuchs im Unternehmen hinzuweisen.

Gleich kommen die Kollegen Frau Meyer, Frau Sonntag, Herr Schmidt, Herr Ganz, Herr Smart und Herr Müller zu Ihnen. Entscheiden Sie bei Ihrem Treffen über Inhalte und Aufmachung des Artikels. Um den Artikel optimal zu nutzen, sollten Sie sich dann auf drei begleitende Personalmarketingmaßnahmen einigen.

Sie haben 30 Minuten Zeit, um das Treffen vorzubereiten. Das Meeting wird 40 Minuten dauern.

Damit Sie eine gute Leistung in der AC-Übung Gruppendiskussion abliefern können, werden wir nun mit Ihnen zusammen die wichtigsten Punkte üben. Den ersten Schritt einer optimalen Vorbereitung haben Sie schon geleistet, indem Sie sich mit den Aufgabenstellungen vertraut gemacht haben.

*Es wird konkret*

Nun geht es in einem zweiten Schritt darum, in die Übungspraxis einzusteigen. Formulieren Sie Ihren Diskussions-Input, greifen Sie geschickt Beiträge anderer Teilnehmer auf, wehren Sie diplomatisch persönliche Angriffe ab und liefern Sie eine Schlusszusammenfassung, um sich als ergebnisorientierter Moderator gute Bewertungen auf den Beobachterbögen zu sichern.

Lassen Sie zunächst Ihrer eigenen Kreativität genügend Raum. Damit Sie Anhaltspunkte für die Optimierung Ihrer Diskussionsbeiträge bekommen, werden wir Ihnen anschließend konkrete Beispiele für ein geschicktes Vorgehen in der Gruppendiskussion geben.

## Übung 1: Die ideale Führungskraft

ÜBUNG

**Diskussions-Input geben**

Formulieren Sie jetzt stichwortartig Ihren Diskussionseinstieg für die erste vorgestellte Gruppendiskussion »Die ideale Führungskraft«.

Ihr Diskussionseinstieg:

______________________________

______________________________

______________________________

**Beispielhafter Diskussionseinstieg:** »Meiner Meinung nach gehören folgende Punkte in unseren Forderungskatalog: unternehmerisches Denken, Führungskompetenz, Einfühlungsvermögen, Eigeninitiative und Motivationskraft. Diese Persönlichkeitsfaktoren sind für mich zentral, damit unser Unternehmen auch weiterhin überdurchschnittlich erfolgreich ist.«

→ FORTSETZUNG AUF DER NÄCHSTEN SEITE

**Beiträge anderer aufgreifen**

Binden Sie die Äußerungen der anderen Teilnehmer geschickt in Ihr Diskussionskonzept ein.

Beitrag von Herrn Meier-Hagen: »Ich glaube, dass wir in der Personalarbeit auch unserem Anspruch als Premiumanbieter von Luxusartikeln gerecht werden müssen.«

Ihre Integrationsleistung:

________________________________________

________________________________________

________________________________________

**Beispielhafte Integrationsleistung:** »Das finde ich sehr wichtig, Herr Meier-Hagen, wir können unsere Personalentwicklung auch nutzen, um PR zu betreiben. Wir sollten nach außen kommunizieren, dass Führungskräfte bei uns das kreative Potenzial ihrer Mitarbeiter nutzen, hoch motiviert sind und die Unternehmensvision in der täglichen Arbeit auch wirklich leben.«

**Angriffe abwehren**

Halten Sie die Gruppendiskussion eng am Thema. Persönliche Angriffe sollten Sie geschickt ins Leere laufen lassen.

Erster Angriff von Herrn Lorenzen: »Ihre Punkte hängen für mich völlig in der Luft und sind überhaupt nicht durchdacht.«

Ihre diplomatische Reaktion 1:

________________________________________

________________________________________

________________________________________

**Beispielhafte Abwehr des ersten Angriffs von Herrn Lorenzen:** »Lassen Sie mich für Sie meine Punkte mit Leben füllen. Führungskompetenz muss für uns Führen durch Zielvereinbarungen bedeuten. Einfühlungsvermögen ist ganz wichtig, um die Stärken der Mitarbeiter erkennen zu können, aber auch ihr Entwicklungspotenzial festzustellen. Der Punkt unternehmerisches Denken spricht, glaube ich, für sich. Ohne Eigeninitiative bewegt sich nichts, und wenn Führungskräfte ihre Mitarbeiter nicht motivieren können, laufen die Vorgaben der Geschäftsleitung ins Leere.«

Zweiter Angriff von Herrn Lorenzen: »Man merkt, dass Sie kein Kaufmann sind.«

Ihre diplomatische Reaktion 2:

______________________________

______________________________

______________________________

**Beispielhafte Abwehr des zweiten Angriffs von Herrn Lorenzen**
»Gerade die richtige Führung im Unternehmen spart uns sehr viel Geld. Wir können nur mit sehr kompetenten Vorgesetzten schnell am Markt reagieren, gute Mitarbeiter halten und kreatives Potenzial in Markterfolge umsetzen.«

**Zusammenfassung am Schluss liefern**
Sichern Sie Ihre gute Diskussionsleistung mit einer Zusammenfassung ab.

Ihre Schlusszusammenfassung:

______________________________

______________________________

______________________________

**Beispielhafte Zusammenfassung am Schluss**
»Da uns jetzt nur noch zwei Minuten Zeit bleiben, möchte ich unser Ergebnis zusammenfassen. In unserem Forderungskatalog haben wir jetzt die Punkte unternehmerisches Denken, Einfühlungsvermögen, Eigeninitiative und Motivationskraft. Da dies alles Eigenschaften sind, die Führungskompetenz ausdrücken, haben wir uns geeinigt, als fünften Punkt noch die Teamfähigkeit aufzunehmen. Dieser zielt insbesondere auf die Fähigkeit zu bereichsübergreifender Projektarbeit ab. Alle Maßnahmen in der Personalarbeit müssen sich natürlich rechnen. Wir können aber mit unserem modernen Führungskonzept auch Eigenwerbung betreiben. Damit werden wir noch interessanter für High Potentials und können auch den Kunden vermitteln, dass bei uns die besten Mitarbeiter für sie da sind.«

ÜBUNG

## Übung 2: Die Zukunft der privaten Altersvorsorge

**Diskussions-Input geben**
Auch Ihre zweite Übung »Die Zukunft der privaten Altersvorsorge« sollten Sie mit einem stichwortartigen Input beginnen.

Ihr Diskussionseinstieg:

**Beispielhafter Diskussionseinstieg:** »Zu berücksichtigen ist erstens, dass die gesetzlichen Renten künftig niedriger sein werden, dass zweitens die Anhebung des Renteneintrittsalters zusätzliche finanzielle Lücken reißen wird und dass drittens durch Brüche in der Erwerbsbiografie das Rentenniveau nicht immer ausreichen wird. Daher wird die private Altersvorsorge ein ganz wesentlicher Baustein der Absicherung für das Alter sein. Die VERSICHERUNGS AG kann dafür zielgruppengenaue Vorsorgekonzepte liefern.«

**Beiträge anderer aufgreifen**
Um Ihre Fähigkeiten als Moderator herauszustellen, sollten Sie Beiträge anderer Teilnehmer in Ihre Argumentationslinie einbinden.

Beitrag Frau Schmidtke: »Bei der privaten Altersvorsorge ist doch das Thema der steuerlichen Gestaltungsmöglichkeiten der entscheidende Punkt.«

Ihre Integrationsleistung:

**Beispielhafte Integrationsleistung:** »Ich stimme Ihnen zu, Frau Schmidtke, daher sollten wir auch unbedingt unsere Beratungskompetenz herausheben. Schließlich ist es unsere Aufgabe, den Kunden auch hinsichtlich der steuerlichen Gestaltungsmöglichkeiten umfassend zu beraten.«

**Angriff abwehren**
Lassen Sie nicht zu, dass andere Teilnehmer destruktiv vorgehen. Sorgen Sie dafür, dass die Diskussion immer wieder zum Thema zurückfindet.

Angriff Herr Kaufmann: »Die Leute haben doch gar kein Geld in der Tasche, um sich zusätzlich noch privat abzusichern.«

Ihre diplomatische Reaktion:

______________________________________________

______________________________________________

______________________________________________

**Beispielhafte Abwehr des Angriffs:** »Da sollten wir etwas genauer hinschauen, Herr Kaufmann, einige Bevölkerungsgruppen haben sicherlich freie Mittel, die sie auch gerne für die Altersvorsorge einsetzen. Bei anderen müsste man sich Gedanken über die Umschichtung knapper finanzieller Ressourcen machen. Die von Frau Schmidt erwähnten steuerlichen Gestaltungsmöglichkeiten bieten hier einen ersten Ansatzpunkt. Wir sollten aber auch nicht vergessen, dass doch erhebliche Vermögenswerte vererbt werden. Auch diese können in ein Altersvorsorgekonzept eingebracht werden.«

**Schlusszusammenfassung liefern**
Fassen Sie die Diskussionsbeiträge am Schluss zusammen, um Ihre Fähigkeit zur Ergebnissicherung zu betonen.
Ihre Schlusszusammenfassung:

______________________________________________

______________________________________________

______________________________________________

**Beispielhafte Schlusszusammenfassung:** »Am Ende der Diskussionsrunde möchte ich noch einmal die Punkte zusammenfassen, die wir dem Vorstandsvorsitzenden, Herrn Jäger, mit in die Podiumsdiskussion geben sollten. Wir dürfen in Zeiten sinkender gesetzlicher Renten die Bürger nicht allein lassen. Die private Altersvorsorge wird einen immer größeren Stellenwert einnehmen, da späterer Erwerbsbeginn, Brüche in der Erwerbs-

→ FORTSETZUNG AUF DER NÄCHSTEN SEITE

biografie und Anhebungen des Renteneintrittsalters ihre Spuren hinterlassen werden. Die gesetzliche Rente wird in Zukunft nicht mehr ausreichen, um ein sorgenfreies Leben im Alter zu garantieren. Wir als VERSICHERUNGS AG verstehen uns dabei als Berater und Dienstleister und können aufgrund unserer Kompetenz passgenaue und steueroptimierte Altersvorsorgekonzepte für alle Bevölkerungsgruppen anbieten.«

CHECKLISTE

## Checkliste Gruppendiskussion

- ◯ Bei der Rollenvorgabe: Ist Ihnen die Rolle, aus der heraus Sie argumentieren sollen, klar geworden?
- ◯ Haben Sie in der Vorbereitungsphase ein umfassendes Brainstorming zum Thema gemacht?
- ◯ Haben Sie die Kernargumente aus Ihrem Brainstorming in ein Diskussionskonzept eingearbeitet?
- ◯ Wissen Sie, mit welchen schlagwortartigen Argumenten Sie in die Diskussion einsteigen wollen?
- ◯ Sind Sie auf Gegenargumente vorbereitet?
- ◯ Sitzen Sie so am Tisch, dass Sie die Mitdiskutierenden gut im Blick haben?
- ◯ Haben Sie nach dem Startzeichen die Endzeit der Gruppendiskussion groß und deutlich in Ihren Unterlagen vermerkt?
- ◯ Reden Sie von Anfang an mit (Sie müssen nicht unbedingt beginnen)?

- ◯ Haben Sie Ihre vorbereiteten Argumente aufgezählt, bevor Sie in die argumentative Auseinandersetzung über Detailfragen einsteigen?
- ◯ Können Sie erkennen, wer Ihre Argumente unterstützt, um Koalitionen zu schmieden?
- ◯ Haben Sie stichwortartig die guten Argumente der anderen Teilnehmer notiert?
- ◯ Können Sie Vielredner unterbrechen, um selbst zu Wort zu kommen?
- ◯ Lösen Sie Konfrontationen zwischen einzelnen Teilnehmern auf?
- ◯ Führen Sie die Diskussion immer wieder zum Kernthema zurück, wenn zu weit abgeschweift wird?
- ◯ Setzen Sie differenzierte Argumentationsstrategien ein (Machbarkeit, Best-Practice-Ansätze, Mitbewerbervergleiche, Kosten-Nutzen-Abwägungen)?
- ◯ Liefern Sie eine Zwischenzusammenfassung?
- ◯ Binden Sie schweigende Teilnehmer im letzten Drittel in die Diskussion ein?
- ◯ Unterstützen Sie Ihre Argumente mit einer lebendigen Gestik?
- ◯ Haben Sie Stress- und Unsicherheitsgesten in der Diskussion vermieden?
- ◯ Sind Sie vorbereitet, kurz vor dem Ende der Diskussion eine Zusammenfassung zu liefern?

# Mitarbeitergespräch: Kritisieren Sie konstruktiv

**Wenn Assessment-Center eingesetzt werden, um zukünftige Führungkräfte auszuwählen, treffen die Kandidaten zwangsläufig auf die Übung »Mitarbeitergespräch«. Aber auch gestandene Führungskräfte, die an einem Potenzial-AC teilnehmen, sollten sich darauf einstellen, dass sie ihr Führungsverhalten beweisen müssen. Im Mitarbeitergespräch geht es darum, dass Sie in der Rolle des Vorgesetzten einen Mitarbeiter auf falsches Verhalten aufmerksam machen sollen. Ihre Aufgabe ist es, den Mitarbeiter davon zu überzeugen, dass sein momentanes Verhalten kontraproduktiv ist und er sich zukünftig anders verhalten muss.**

**Neben der Kritik spielt oft auch der Motivationsgedanke hier mit hinein. Dann geht es auch darum, einen demotivierten Mitarbeiter wieder mit ins Boot zu holen.**

### Warum wird diese Übung eingesetzt?

*Wie gehen Sie mit Ihren Mitarbeitern um?*

Die Übung »Mitarbeitergespräch« gehört zu den Klassikern des AC, weil man hier genau beobachten kann, wie Vorgesetzte, oder solche, die es werden wollen, mit ihren Mitarbeitern umgehen. Im betrieblichen Alltag finden diese Gespräche oft hinter verschlossenen Türen statt. Im Assessment-Center dagegen muss der Kandidat vor versammelter Mannschaft zeigen, dass er alle Spielarten der Mitarbeiterführung beherrscht. Die Beobachter legen dabei meistens ganz besonders Wert auf ein modernes Führungsverständnis, nämlich das Führen durch Zielvereinbarungen.

Da im AC – anders als im betrieblichen Alltag – kein hierarchisches Gefälle zwischen dem Chef und seinem Mitarbeiter besteht, müssen die Kandidaten in der Vorgesetztenrolle sehr viel mehr Überzeugungsarbeit leisten als im Firmenalltag. Erschwert wird die Situation auch dadurch, dass man den Mitarbeiter hier meist gebrieft hat, sich sehr renitent zu verhalten. Macht der Kandidat in der Führungsrolle Fehler bei der Gesprächsführung, dann wird der fiktive Mitarbeiter diese gnadenlos ausnutzen, um sich eigene Vorteile zu verschaffen. Mehr als einmal mussten deshalb schon gestandene Führungskräfte im AC entnervt erkennen, dass sie der betriebliche Alltag nicht ausreichend auf die Sondersituation »Mitarbeitergespräch im AC« vorbereitet hatte.

### Worauf achten die Beobachter?

*Kommunikative Kompetenz*

Die Beobachter erwarten in dieser Übung ein ganzes Bündel an kommunikativen Kompetenzen: Können Sie den sachlichen Kern des Problems herausarbeiten? Bleiben Sie nüchtern bei der Problemanalyse oder lassen Sie sich auf emotionale Scharmützel ein? Verfügen Sie über genügend Einfühlungsvermögen, um die Gründe für das unangebrachte Verhalten des Mitarbeiters nachvollziehen zu können? Schaffen Sie es, dem Mitarbeiter den Sinn von Arbeitsanweisungen zu vermitteln? Handeln Sie als Führungskraft oder lassen Sie sich die Gesprächsführung aus der Hand nehmen?

Für die Beobachterrunde ist das Führungsverständnis des Kandidaten oder der Kandidatin der springende Punkt. Gesucht werden Menschen, die mit ihren Mitarbeitern konkrete und überprüfbare Ziele vereinbaren, im Unternehmenssinn handeln und inakzeptables Verhalten gegenüber Kollegen oder Kunden abstellen können.

Manchmal wird die Rolle des Mitarbeiters von Schauspielern gespielt, um die Aufgabe besonders schwer zu machen. In jedem Fall wird sich der Mitarbeiter aber so uneinsichtig verhalten, dass das Gespräch auch zu einem Stresstest wird. Kandidaten, die dann die Nerven verlieren, mit der Faust auf den Tisch hauen und mit Befehlen und Anordnungen führen wollen, zeigen, dass sie dem Druck in einer Führungsposition nicht gewachsen sind.

### Typische Fehler

Typische Fehler im Mitarbeitergespräch ergeben sich aus einem unangemessenen Führungsstil. Nicht nur die zu direktive und autoritäre Linie führt in die falsche Richtung, auch ein zu weicher und nachgiebiger Kurs. Schließlich ist das zentrale Problem bei diese Übung, dass der Mitarbeiter sich reaktiv verhalten wird: Gehen Sie ihn zu autoritär an, wird er sich ins Schneckenhaus zurückziehen. Geben Sie sich zu nachsichtig, wird er Ihnen auf der Nase herumtanzen und unangemessene Zugeständnisse einfordern.

Ferner fällt es den meisten schwer, beim eigentlichen Kern des Problems zu bleiben. Statt eine möglichst sachliche Auseinandersetzung mit dem Mitarbeiter zu führen, finden sie sich plötzlich in einer hochemotionalen Gesprächssituation mit Ablenkungsmanövern oder persönlichen Angriffen wieder. Dann gerät das negative Verhalten des Mitarbeiters aus dem Blick. Auf einmal sind Kollegen, das Management oder sogar die Führungskraft selbst schuld an Problemen, die eigentlich dem Mitarbeiter zuzurechnen sind. Kann der Kandidat in der knappen Zeitvorgabe dieser Übung keine Einsicht beim Mitarbeiter herbeiführen, wird man an seinen Führungsfähigkeiten zweifeln.

### Sinnvolle Strategien

*Klären Sie den Sachverhalt*

Ganz wesentlich für eine erfolgreiche Bewältigung der Übung »Mitarbeitergespräch« ist, den Sachverhalt erst einmal zu klären. Welches konkrete Fehlverhalten liegt vor? Sie dürfen Vorwürfe, die sich auf Gerüchte oder unbestätigte Vermutungen stützen, nicht ungeprüft für bare Münze nehmen. Es gilt der Grundsatz, dass nur beobachtetes Verhalten kritisiert werden darf. Arbeiten Sie daher zunächst mit überzeugenden Argumenten daran, dass der Mitarbeiter seinen Fehler erst einmal eingesteht. Erst dann können Sie sein Verhalten bewerten. Erläutern Sie dem Mitarbeiter im zweiten Schritt, warum sein Verhalten dem Unternehmen schadet beziehungsweise schaden könnte. Der Mitarbeiter sollte sich zu den Vorwürfen äußern können und seine Sicht der Dinge schildern. Sie müssen nur darauf achten, dass er nicht Dritte angreift und versucht, anderen die Schuld zu geben.

Da Sie grundsätzlich mit massiver Gegenwehr des Mitarbeiters rechnen müssen, sollten Sie das Gespräch aktiv steuern. Unterbrechen Sie den Mitarbeiter, bevor er sich in Rage redet. Um den Konflikt zu lösen, sollten Sie selbst eine Hilfestellung anbieten und überprüfbare Ziele vereinbaren. Nun folgen Aufgabenstellungen, die in Assessment-Centern eingesetzt werden, um das Führungspotenzial mithilfe der Übung »Mitarbeitergespräch« zu ermitteln. Schauen Sie sich die

Szenarien genau an, um die typischen Problemstellungen kennen zu lernen.

**Typische Aufgabenstellungen in Mitarbeitergesprächen**

## Mitarbeitergespräch 1: Zu langsam

BEISPIEL

Sie sind Frau Möller, Abteilungsleiterin Unternehmenskredite Mittelstand bei der Bank AG. Einer Ihrer neuen Mitarbeiter, Herr Schmidt, ist seit vier Monaten im Unternehmen. Sie wollten schon längst mit ihm sprechen, da er wiederholt Terminvorgaben nicht eingehalten hat. Machen Sie sich im Gespräch ein umfassendes Bild von der Situation.

Sie haben noch 10 Minuten Zeit, um das Gespräch mit Herrn Schmidt vorzubereiten. Das anschließende Gespräch dauert 15 Minuten.

## Mitarbeitergespräch 2: Gut, aber nicht gut genug

BEISPIEL

Sie sind Herr Maler und Regionalleiter bei der Pharma AG. Der Umsatz in der von Ihnen verantworteten Region hat sich im letzten Geschäftsjahr zwar positiv entwickelt. Im Vergleich zur Konkurrenz ist er jedoch unterdurchschnittlich gestiegen.

Gleich kommt Herr Carlsen, ein Pharmareferent in Ihrem Team. Diskutieren Sie mit ihm die Problematik und schwören Sie ihn auf bessere Umsätze ein.

Sie haben jetzt noch 20 Minuten, um das Gespräch vorzubereiten. Das eigentliche Gespräch dauert ebenfalls 20 Minuten.

BEISPIEL

### Mitarbeitergespräch 3: Nicht befördert

Sie sind Herr Carstens. Als Partner bei der Unternehmensberatung Terra Nuova müssen Sie im Rahmen der jährlich stattfindenden Gespräche einem Ihrer Senior Consultants, Herrn Reesch, mitteilen, dass er nicht zum Senior Manager bei der Unternehmensberatung Terra Nuova befördert wird. Im Rahmen der Personalentwicklungsmaßnahmen hat sich herausgestellt, dass Frau Meyer über erheblich mehr Potenzial verfügt, insbesondere im Hinblick auf ihr unternehmerisches Denken.

Herr Reesch ist 43 Jahre alt und schon länger im Unternehmen. Er hat wichtige Branchenkenntnisse im Bereich Automotive. Um ihn zu halten, ist ihm bereits einmal der Sprung auf der Karriereleiter zum Senior Manager in Aussicht gestellt worden. Auch damals waren seine Leistungen letztendlich nicht ausreichend.

Teilen Sie Herrn Reesch die Entscheidung mit, die von allen Partnern gemeinsam getroffen wurde.

Zur Vorbereitung des Gesprächs verbleiben Ihnen noch 15 Minuten. Für das anschließende Gespräch haben Sie 25 Minuten eingeplant.

BEISPIEL

### Mitarbeitergespräch 4: Sicherheit geht vor

Sie sind Frau Kravzcek und Abteilungsleiterin des Service- und Außendienstes der Energieversorger AG. Zum wiederholten Male hat sich Herr Mayer, der Teamleiter der Servicegruppe Nord, bei Ihnen über seinen Mitarbeiter Herrn Stolzenburg beschwert.

Herr Stolzenburg hat bereits eine Abmahnung erhalten, da er notwendige Sicherheitseinrichtungen überbrückt hat, um den laufenden Betrieb sicherzustellen. Außerdem steht er in dem Ruf, mit Sicherheitsvorschriften bei der Instandsetzung und Wartung eher schludrig umzugehen. Andererseits ist Herr

Stolzenburg ein ausgewiesener Fachmann, auf den besonders bei Notfalleinsätzen immer hundertprozentig Verlass ist.

Stellen Sie sicher, dass Herr Stolzenburg sich künftig gemäß den Sicherheitsvorschriften verhält.

Für die Vorbereitung dieses Konfliktgesprächs haben Sie noch 15 Minuten Zeit. Das anschließende Gespräch sollte nicht länger als 15 Minuten dauern.

## Mitarbeitergespräch 5: Ein renitenter Niederlassungsleiter

BEISPIEL

Sie sind Herr Zimmer, Datenschutzbeauftragter der Tiphone & Internet AG, und haben Herrn Schmoldt, den Leiter eines Profitcenters, zum Gespräch gebeten. Herr Schmoldt ist dadurch aufgefallen, dass er seinem Vertriebsteam einen laxen Umgang mit sensiblen Kundendaten empfiehlt. Es hat bereits zwei Artikel in der Presse gegeben, die sich mit dieser Geschäftspraxis kritisch auseinandergesetzt haben.

Klären Sie den Sachverhalt und wirken Sie auf Herrn Schmoldt dahingehend ein, dass er künftig die konzernweit geltenden Datenschutzbestimmungen einhält.

Sie haben 30 Minuten Zeit, um Ihr Gespräch vorzubereiten. Das anschließende Gespräch dauert 15 Minuten.

## Mitarbeitergespräch 6: Ständig zu spät

BEISPIEL

Sie sind Herr Carlson und Projektleiter im Marketing der Einzelhandels GmbH & Co. Ein Teammitglied, Herr Schweitzer, kommt ständig zu spät zu den Projektbesprechungen. Außerdem beteiligt er sich wenig an den Diskussionen. Bringen Sie ihn dazu, ab jetzt mit voller Kraft im Projekt mitzuarbeiten.

→ FORTSETZUNG AUF DER NÄCHSTEN SEITE

Sie haben noch 15 Minuten Zeit, um das Gespräch mit Herrn Schweitzer vorzubereiten. Das anschließende Gespräch dauert 10 Minuten.

BEISPIEL

## Mitarbeitergespräch 7: Bonuskürzung

Sie sind Frau Schmoldau, Senior Managerin bei der Unternehmensberatung Rat & Tat, und haben gleich Ihr Jahresgespräch mit dem Consultant Herrn Stolz. Die Ergebnisse der Unternehmensberatung Rat & Tat erreichten im abgelaufenen Geschäftsjahr leider nicht das Niveau des Vorjahres. Daher soll Herr Stolz diesmal einen um 50 Prozent gekürzten Jahresbonus erhalten.

Sie wissen, dass Herr Stolz außerordentlich gute Arbeit leistet. Er ist überdurchschnittlich engagiert und hat bei wichtigen Projekten immer wieder Sonderleistungen erbracht, um die Terminvorgaben wichtiger Kunden einhalten zu können.

Teilen Sie Herrn Stolz die Bonuskürzung mit und schwören Sie ihn auf weiterhin gute Mitarbeit ein.

Für die Vorbereitung des Gesprächs haben Sie noch 25 Minuten Zeit. Das anschließende Gespräch sollte nicht länger als 12 Minuten dauern.

BEISPIEL

## Mitarbeitergespräch 8: Schlechtes Vorbild

Sie sind Herr Möllick und Außendienstleiter im Vertrieb bei der Versicherungs-AG. Einer Ihrer Vertriebsmitarbeiter, Herr Jacobsen, steht in dem Ruf, nur mit halber Kraft zu arbeiten. Gerüchteweise ist Ihnen zugetragen worden, dass er sich selbst als Halbtagskraft bezeichnet. Allerdings liefert er die besten Abschlusszahlen. Herr Jacobsen ist so aber dennoch ein schlechtes Vorbild für seine Kollegen.

Gleich führen Sie ein Gespräch mit ihm, um ihn wieder auf Kurs zu bringen: Er soll so viele Stunden arbeiten wie vertraglich geregelt.

Sie haben noch 15 Minuten Zeit, um das Gespräch mit Herrn Jacobsen vorzubereiten. Das anschließende Gespräch dauert 10 Minuten.

Damit Sie in Mitarbeitergesprächen bestehen können, werden wir nun mit Ihnen die zentralen Punkte durchgehen. Ausgehend vom ersten Mitarbeitergespräch nehmen Sie nun die Rolle einer Abteilungsleiterin beziehungsweise eines Abteilungsleiters ein. Klären Sie zunächst den Sachverhalt. Bewerten Sie dann das Verhalten des Mitarbeiters. Um sich nicht aus dem Konzept bringen zu lassen, müssen Sie anschließend zweimal reagieren, wenn der Mitarbeiter bei anderen die Gründe für sein Verhalten sucht. Fassen Sie das Gesprächsergebnis in einer Zielvereinbarung zusammen.

Zunächst sollten Sie Ihre Vorgehensweise notieren, danach zeigen wir Ihnen beispielhaft, welche Formulierungen Sie zum Ziel führen.

## Übung 1: Zu langsam

ÜBUNG

**Sachverhaltsklärung durchführen**

Stellen Sie zu Beginn des Mitarbeitergesprächs »Zu langsam« das problematische Verhalten des Mitarbeiters sachlich heraus.

Ihre Sachverhaltsdarstellung:

________________________________________

________________________________________

________________________________________

→ FORTSETZUNG AUF DER NÄCHSTEN SEITE

**Beispielhafte Sachverhaltsklärung:** »Herr Schmidt, es geht heute darum, dass ich Arbeitsergebnisse von Ihnen dreimal nicht rechtzeitig auf dem Schreibtisch hatte. Dadurch sind hier Entscheidungsprozesse ins Stocken geraten. Es ist mir wichtig, dass Sie erkennen, dass Terminvorgaben unbedingt eingehalten werden müssen.«

**Fehlverhalten bewerten**
Nennen Sie Gründe, aus denen hervorgeht, dass das Verhalten des Mitarbeiters kontraproduktiv ist.

Ihre Bewertung:

______________________________

______________________________

______________________________

**Beispielhafte Bewertung des Fehlverhaltens:** »Es ist ganz wichtig für mich, aber auch für die Kollegen, dass wir termingerecht auf Ihre Vorarbeiten zurückgreifen können. Ich schätze Sie als engagierten und kompetenten Mitarbeiter. Gerade weil mir Ihre weitere Entwicklung hier bei uns in der Bank am Herzen liegt, möchte ich Sie zu termingerechtem Arbeiten anhalten. Der Kunde wird kein Verständnis dafür haben, wenn wichtige Geschäftskredite nicht rechtzeitig bewilligt werden. Dann gerät er nämlich unnötig unter Druck. Es ist also sowohl für uns in der Bank als auch für unsere Kunden ganz wichtig, dass Sie Terminvorgaben zukünftig einhalten.«

**Schuldverschiebungen abblocken**
Reagieren Sie auf die Versuche des Mitarbeiters, die Gründe für sein Verhalten anderen zuzurechnen.

Schuldverschiebung 1: »Ich bin ja noch nicht so lange im Unternehmen. Da es kein richtiges Einarbeitungsprogramm gibt, muss ich mir alles selbst beibringen.«

Ihre Gegenreaktion 1:

______________________________

______________________________

______________________________

**Beispielhafte Gegenreaktion auf Schuldverschiebung 1:** »Ich habe Ihnen durchaus eine Orientierungsphase zu Beginn Ihrer Arbeit zugestanden. Jetzt müssen Sie aber durchstarten. Sollten Sie nicht wissen, wie Sie bestimmte Informationen bekommen, wenden Sie sich bitte an mich. Ich werde dann für Sie die entsprechenden Kontakte herstellen. Im Übrigen kommen Sie ja gut zurecht, nur Ihr Zeitmanagement ist noch nicht optimal.«

Schuldverschiebung 2: »Die Kollegen decken mich mit Arbeit ein, sodass ich mich nicht richtig auf meine Aufgaben konzentrieren kann.«

Ihre Gegenreaktion 2:

______________________________

______________________________

______________________________

**Beispielhafte Gegenreaktion auf Schuldverschiebung 2:** »Ich finde es gut, dass Sie bereit sind, auch den Kollegen zur Hand zu gehen. Achten Sie aber darauf, dass Ihre eigene Arbeit nicht liegen bleibt. Schließlich werden Sie daran gemessen, ob Sie Ihre Aufgaben in den Griff bekommen. Sie dürfen ruhig den Kollegen sagen, dass Sie von mir den Auftrag bekommen haben, sich vorrangig um Ihr eigenes Arbeitsgebiet zu kümmern.«

**Zielvereinbarung treffen**
Sichern Sie das Ergebnis des Gesprächs mit einer Zielvereinbarung ab.

Ihre Zielvereinbarung:

______________________________

______________________________

______________________________

**Beispielformulierung für eine Zielvereinbarung:** »Die nächsten drei Arbeitsergebnisse werden Sie zwei Tage vor der Deadline bei mir einreichen, damit ich sie noch einmal durchsehen kann. Danach liefern Sie Ihre Ergebnisse pünktlich ab. Sollten Schwierigkeiten auftreten, wenden Sie sich bitte sofort an

→ FORTSETZUNG AUF DER NÄCHSTEN SEITE

mich. Das Gleiche gilt auch, wenn Ihnen Informationen zur Bearbeitung fehlen.«

ÜBUNG

## Übung 2: Gut, aber nicht gut genug

**Sachverhaltsklärung durchführen**
Auch im Mitarbeitergespräch »Gut, aber nicht gut genug« sollten Sie am Anfang sachlich herausstellen, worum genau es Ihnen geht.

Ihre Sachverhaltsdarstellung:

**Beispielhafte Sachverhaltsklärung:** »Herr Carlsen, es geht in diesem Gespräch um die Umsatzentwicklung in unserer Region. Wir haben es zusammen geschafft, Umsatzeinbrüche zu vermeiden. Damit können wir aber nicht zufrieden sein. Die Konkurrenz hat in der Region erheblich besser abgeschnitten. Daher möchte ich mich heute mit Ihnen darüber unterhalten, wie wir mit mehr Präsenz im Markt wieder auf die Erfolgsspur kommen.«

**Fehlverhalten bewerten**
Führen Sie dann Gründe auf, die für den Mitarbeiters nachvollziehbar machen, warum Sie von ihm vermehrte Anstrengungen erwarten.

Ihre Bewertung:

**Beispielhafte Bewertung des Fehlverhaltens:** »Wir werden um weitere verkaufsfördernde Maßnahmen nicht herumkommen. Dazu gehört, dass Sie vermehrt Events initiieren und auch für gute Verordner Freizeitaktivitäten initiieren. Die persönliche Kundenbindung sollte uns allen am Herzen liegen. Bei Ihnen ist bisher wenig in dieser Richtung passiert. Das sollten wir ändern.«

**Schuldverschiebungen abblocken**

Lassen Sie nicht zu, dass der Mitarbeiter die Schuld bei anderen oder äußeren Umständen sucht.

Schuldverschiebung: »Momentan ist einfach nicht mehr drin. Wir machen schon das Äußerste.«

Ihre Gegenreaktion:

____________________________________________________

____________________________________________________

____________________________________________________

**Beispielhafte Gegenreaktion auf die Schuldverschiebung:** »Ich sehe Ihre Anstrengungen durchaus. Wir sollten aber zusammen überprüfen, ob Sie ihr Engagement zielgerichtet genug einsetzen. Die Konkurrenz macht uns im Moment vor, wie es besser geht. Das sollten wir nicht einfach hinnehmen, da müssen wir uns alle gemeinsam anstrengen und passend reagieren.«

**Zielvereinbarung treffen**

Vereinbaren Sie mit dem Mitarbeiter am Ende des Gesprächs ein konkretes Ziel, das sich von Ihnen überprüfen lässt.

Ihre Zielvereinbarung:

____________________________________________________

____________________________________________________

____________________________________________________

→ FORTSETZUNG AUF DER NÄCHSTEN SEITE

**Beispielformulierung für eine Zielvereinbarung:** »Wir sind uns einig geworden, dass Sie von nun an pro Woche zwei Praxisessen organisieren. Über die Auswahl der Praxen unterhalten wir uns nächste Woche. Sie legen mir eine Liste der von Ihnen angedachten Zielärzte vor. Daneben werden wir in Zusammenarbeit mit den Produktmanagern eine monatliche Fortbildungsveranstaltung etablieren. Zu diesen Fortbildungsveranstaltungen sollten Sie geeignete Ärzte einladen. Auch hier werden wir uns beide noch einmal darüber abstimmen, wer bevorzugt angesprochen werden sollte. Unser nächstes Treffen findet nächsten Dienstag statt, Sie bringen mir dann die beiden Listen mit.«

CHECKLISTE

## Checkliste Mitarbeitergespräch

- Haben Sie das Kernproblem der Aufgabenstellung erkannt?
- Wird aus der Aufgabenstellung ersichtlich, auf was für einen Mitarbeiter Sie treffen (ängstlich, fordernd, polternd, demotiviert)?
- Welches konkrete Fehlverhalten ist dem Mitarbeiter oder der Mitarbeiterin zurechenbar?
- Ist das problematische Verhalten objektiv festgestellt worden oder handelt es sich um Gerüchte?
- Haben Sie sich auf mögliche Einwände vorbereitet?
- Signalisieren Sie mit Ihrer Körpersprache Ihren Vorgesetztenstatus?

- ◯ Bringen Sie schweigsame Mitarbeiter zum Reden?
- ◯ Können Sie Vielredner ausbremsen (auch unter Einsatz von Stoppgesten)?
- ◯ Sind Sie nach dem folgenden Schema für Mitarbeitergespräche vorgegangen?
  - Begrüßen und den Sachverhalt direkt ansprechen,
  - das beobachtete Verhalten aus Vorgesetztensicht ohne Bewertung schildern,
  - den Mitarbeiter um eine Stellungnahme zum beobachteten Verhalten bitten,
  - das Mitarbeiterverhalten bewerten,
  - Konsequenzen aufzeigen, die ein weiteres Fehlverhalten haben wird,
  - überprüfbare Vereinbarung mit dem Mitarbeiter über eine zukünftige Verhaltensänderung treffen (Kontrollen ankündigen, aber auch Hilfestellung anbieten).
- ◯ Blocken Sie emotionale Vorwürfe gegen Kollegen oder die Geschäftsleitung ab?
- ◯ Bleiben Sie eng am Ziel des Mitarbeitergesprächs, ohne sich auf Nebenkriegsschauplätze einzulassen?
- ◯ Führen Sie bei ausufernder emotionaler Reaktion den Mitarbeiter immer wieder zum sachlichen Kern des Gesprächs zurück?
- ◯ Sind Sie bei Zugeständnissen dem Mitarbeiter gegenüber in einem realistischen Rahmen geblieben?
- ◯ Bieten Sie dem Mitarbeiter eine angemessene Hilfestellung bei der Lösung von Problemen an (Hilfe zur Selbsthilfe)?

→ FORTSETZUNG AUF DER NÄCHSTEN SEITE

- ◯ Haben Sie das Mitarbeitergespräch innerhalb der vorgegebenen Zeit aktiv mit einem konkreten Ergebnis beendet?

# Verkaufs- und Beratungsgespräch: Überzeugen Sie den Kunden

**Verkaufs- und Beratungsgespräche werden naturgemäß immer dann im Assessment-Center eingesetzt, wenn es darum geht, Positionen in den Bereichen Verkauf, Vertrieb, Consulting und Service zu besetzen. Aber auch bei ACs für Berufseinsteiger sind diese Übungen beliebt, um die Kommunikationsfähigkeit und die Überzeugungskraft der Kandidaten zu überprüfen. Neuerdings setzen Firmen die Übung »Verkaufs- und Beratungsgespräch« auch als erste Arbeitsprobe für künftige Mitarbeiter in Call-Centern ein. Dann findet sie nicht von Angesicht zu Angesicht, sondern telefonisch statt und wird von den Beobachtern mitgehört.**

## Warum wird diese Übung eingesetzt?

*Interne und externe Kommunikation*

Kommunikation wird im Unternehmensalltag immer wichtiger. Dies gilt jedoch nicht nur für die interne, sondern auch für die externe Abstimmung. Auch hier ist Geschick gefragt. Kunden sind heute anspruchsvoller denn je, und man muss sie von den Vorzügen der eigenen Produkte oder Dienstleistungen überzeugen, bevor sie sich zum Kauf entschließen. In den Unternehmen ist die Übung »Verkaufs- und Beratungsgespräch« auch deshalb beliebt, weil man künftige Vertriebsmitarbeiter, Servicekräfte oder Consultants einmal live in Aktion erleben möchte, bevor man sie zum Kunden schickt oder ihnen Führungsaufgaben mit Repräsentationspflichten überträgt.

Einige Unternehmen prüfen mit dieser Übung auch das generelle Persönlichkeitsbild eines Kandidaten: Sind Sie eher introvertiert oder bringen Sie die geforderte Extroversion mit? Man will sehen, ob Sie aktiv auf andere zugehen können und Freude daran haben, sich selbst darzustellen.

### Worauf achten die Beobachter?

*Überzeugend und empathisch*

Die Beobachter wollen nicht nur wissen, ob Sie extrovertiert sind, sondern Sie müssen auch Überzeugungskraft und Einfühlungsvermögen mitbringen. Nur emphatische Kandidatinnen und Kandidaten können einen Abgleich der Interessen des Kunden mit denen der eigenen Firma erreichen. Wer den Drücker mimt, wird auf Abwehrhaltung beim Kunden treffen und scheitern.

Wichtig ist den Beobachtern auch, dass Sie es bei dieser Übung schaffen, dem Kunden ein positives Bild vom Unternehmen und seinen Produkten oder Dienstleistungen zu vermitteln. Wären Sie ein geeignetes Aushängeschild für das Unternehmen? Selbstverständlich müssen Sie immer gefasst und höflich bleiben, auch wenn der Kunde unsachliche Argumente bringt. Schließlich hat der Kunde aus Sicht der Beobachter immer Recht.

Ferner erwarten die Beobachter, dass Sie in der vorgegebenen Zeit ein Ergebnis erzielen, denn nur wer die gewünschte Abschlusssicherheit zeigt, bekommt verkäuferisches Potenzial zugeschrieben.

### Typische Fehler

Immer dann, wenn in Verkaufs- und Beratungsgesprächen eine Konfrontation aufgebaut wird, scheitern die Kandidaten. Die gebrieften Kunden im AC werden sich weder durch Platituden noch durch flotte Sprüche überzeugen lassen. Nur die allerwenigsten Kandidaten schaffen es überhaupt, aktiv die Wünsche des Kunden herauszufiltern. Oft wiederholen sie gebetsmühlenartig ein Angebot, ohne vorher zu klären, was der Kunde überhaupt will.

Nicht nur zu forsches Vorgehen, auch vornehme Zurückhaltung ist kontraproduktiv. Der Kunde wird nicht von sich aus ein Verhandlungsergebnis präsentieren. Dies muss vielmehr vom Kandidaten aktiv erarbeitet werden.

Viel zu oft gehen die Kandidaten im Verkaufs- und Beratungsgespräch nicht auf die im Szenario vorgegebenen Informationen zum Kunden ein. Welche Position bekleidet er im Unternehmen? Hat er bestimmte Vorlieben? Worauf wird es ihm besonders ankommen? Welche Gegenargumente wird er bringen?

Der Abschluss des Verkaufs- und Beratungsgesprächs fällt den Kandidaten ebenfalls oft schwer. Immer wieder enden die Gespräche ohne konkretes Ergebnis oder müssen von dem AC-Moderator abgebrochen werden, weil der Kandidat die Zeit völlig aus dem Auge verloren hat.

### Sinnvolle Strategien

*Was will der Kunde?*

Nutzen Sie die Vorbereitungszeit, um sich mit der Position Ihres Gesprächspartners vertraut zu machen. Legen Sie im Gespräch nicht zu früh ein konkretes Angebot auf den Tisch. Erkundigen Sie sich zunächst, ob Ihre Vorüberlegungen auf Gegenliebe stoßen. Ist er interessiert an einer Umsatzausweitung? Möchte er Mitarbeiter schulen lassen? Könnten für ihn Verkaufsförderungsmaßnahmen interessant sein? Steht für ihn der Kostenfaktor im Vordergrund? Erst wenn Sie geklärt haben, was der Kunde eigentlich will, sollten Sie Ihr Angebot machen. Sie haben dann schon eine Basis, von der aus Sie sich zum Vertragsabschluss hinarbeiten können. Dabei müssen Sie auch mit Ablenkungsmanövern rechnen. In diesem Fall sollten Sie den Kunden immer wieder zum Gesprächsthema zurückführen.

*Abschlussorientierung*

Wenn der Kunde anfängt, Ihnen Fragen über bestimmte Details Ihres Angebots zu stellen, wissen Sie, dass er interessiert ist. Dann sollten Sie auf einen Vertragsabschluss hinarbeiten. Zum Schluss wiederholen Sie, worüber Sie sich mit dem Kunden geeinigt haben. Bei eventuell offen gebliebenen Punkten nennen Sie dem Kunden am besten einen Termin, bis zu dem hier eine Klärung erfolgt sein sollte.

Beenden Sie das Verkaufs- und Beratungsgespräch, indem Sie den Kunden mit seinem Namen ansprechen und Ihr Interesse an einer weiteren guten Zusammenarbeit betonen.

Die folgenden Aufgabenstellungen für Verkaufs- und Beratungsgespräche vermitteln Ihnen einen Eindruck davon, was Sie bei dieser Übung im Assessment-Center erwarten wird.

**Typische Aufgabenstellungen in Verkaufs- und Beratungsgesprächen**

BEISPIEL

### Verkaufs- und Beratungsgespräch 1: Der neue Freizeitpark

Sie sind Großkundenbetreuer bei der Erfrischungsgetränke AG. Demnächst wird in Ihrer Vertriebsregion ein neuer Freizeitpark eröffnet. Die Betreiber rechnen mit täglich bis zu 5000 Besuchern. Selbstverständlich möchten Sie Ihre Erfrischungsgetränke exklusiv im Park vertreiben. Versuchen Sie, den Geschäftsführer des Freizeitparks, Herrn Hoffmann, von Ihrem Angebot zu überzeugen.

Herr Hoffmann hat Ihnen 15 Minuten Gesprächszeit eingeräumt. Bis zum Gespräch verbleiben Ihnen noch 15 Minuten Vorbereitungszeit.

BEISPIEL

### Verkaufs- und Beratungsgespräch 2: Bröckelnde Umsätze

Sie sind Frau Rohde, Vertriebsleiterin der Großbanken AG. Der Absatz von Finanzprodukten an Sparkassen ist in letzter Zeit etwas zurückgegangen. Sie haben heute die Möglichkeit, mit dem zuständigen Ansprechpartner der Bank Ost, Herrn Mayerhofer, über die Ursachen zu sprechen.

Finden Sie heraus, welche Gründe der Umsatzeinbruch hat. Überzeugen Sie Herrn Mayerhofer davon, dass sich eine verstärkte Zusammenarbeit mit der Großbanken AG beim Vertrieb von Finanzprodukten in Zukunft lohnen wird.

Sie haben durch Ihre Sekretärin einen Gesprächstermin vereinbaren lassen und machen sich auf den Weg. Herr Mayerhofer erwartet Sie in seinem Büro. Er räumt Ihnen 20 Minuten Gesprächszeit ein. Bis zur Abfahrt haben Sie noch 30 Minuten Zeit, um das Gespräch vorzubereiten.

BEISPIEL

## Verkaufs- und Beratungsgespräch 3: Bausparen ist modern

Sie sind Frau Adriani, Vertriebsmitarbeiterin der Bauspar AG. Sie haben gleich ein Gespräch mit Herrn Zogalla, um ihm die Vorzüge des Bausparens nahezubringen. Aus einem vorab geführten Telefonat mit Herrn Zogalla wissen Sie aber, dass er das Bausparen eigentlich für altbacken hält.

Überzeugen Sie Ihren Kunden davon, dass Bausparen auch heute noch eine renditestarke Anlageform ist.

Zur Vorbereitung des Kundengesprächs haben Sie 20 Minuten Zeit. Das Beratungsgespräch dauert 12 Minuten.

BEISPIEL

## Verkaufs- und Beratungsgespräch 4: Sonderaktion im Call-Center

Sie sind der Call-Center-Mitarbeiter Herr Muhlau. In Ihrem Call-Center werden unter anderem Angebote des Telekommunikationsdienstleisters Isicaller vermarktet. Ihre Aufgabe ist es, Kunden in Akquisitionsgesprächen von der deutschlandweiten Flatrate für Festnetzgespräche zu überzeugen. Kunden können im Festnetz in ganz Deutschland für pauschal 15 Euro unbegrenzt telefonieren. Auslandsgespräche sind bei Isicaller allerdings teurer als bei der Konkurrenz.

Vor Ihnen liegt eine Liste mit drei Namen und den dazugehörigen Telefonnummern. Überzeugen Sie innerhalb von 15 Minuten mindestens zwei Kunden von dem Angebot. Sie können sich noch 5 Minuten sammeln, bevor die Leitung freigeschaltet wird.

BEISPIEL

## Verkaufs- und Beratungsgespräch 5: Aufträge spezifizieren

Sie sind Herr Young, Senior Consultant bei der Unternehmensberatung CHANGE GmbH. Einer der Partner der Unternehmensberatung, Herr Dr. Herms, hat einen Auftrag bei dem mittelständischen Maschinenbauer Induroboticca akquiriert. Es geht darum, im gesamten Unternehmen flexiblere Prozesse zu etablieren.

Sie sollen nun in einem Meeting mit dem Geschäftsführer der Induroboticca, Herrn Carlsson, die Auftragsdetails klären. Treffen Sie sinnvolle Vereinbarungen. Besprechen Sie mit Herrn Carlsson, welche Projekte im Einzelnen angegangen werden sollen und wie eine sinnvolle Zusammensetzung der Projektteams aussehen kann.

→ **Die Kosten für die Projektmitglieder betragen pro Tag:**
→ **Senior Manager 4 000,- Euro,**
→ **Senior Consultant 3 000,- Euro,**
→ **Consultant 2 000,- Euro,**
→ **Assistent 800,- Euro,**
→ **Praktikant 200,- Euro.**

Denken Sie bei Ihren Vorschlägen bitte unternehmerisch im Sinne der CHANGE GmbH.

Für die Vorbereitung des Meetings mit Herrn Carlsson verbleiben Ihnen 60 Minuten. Für das Meeting selber hat Ihnen Herr Carlsson 30 Minuten eingeräumt.

Nun werden wir mit Ihnen die zentralen Punkte des Verkaufs- und Beratungsgesprächs üben. Wir beziehen uns dabei auf das erste Szenario »Der neue Freizeitpark«. Zunächst werden Sie Ihr Unternehmen darstellen und so als souveräner Repräsentant Ihrer Firma auftreten. Danach finden Sie mit geeigneten Fragen die Wünsche des Kunden heraus. Aufbauend darauf machen Sie dem Kunden ein konkretes Angebot und halten zum Schluss noch das Gesprächsergebnis fest, um einen Abschluss herbeizuführen.

## Übung 1: Der neue Freizeitpark

ÜBUNG

**Vorstellung des eigenen Unternehmens**
Stellen Sie Ihr Unternehmen für Erfrischungsgetränke so dar, dass Sie beim Kunden erstes Interesse an Ihren Leistungen wecken.

Ihre Unternehmensvorstellung:

______________________________

______________________________

______________________________

**Beispielhafte Vorstellung des eigenen Unternehmens:** »Guten Tag, Herr Hoffmann, ich freue mich schon auf die Eröffnung Ihres Freizeitparks. Wir von der Erfrischungsgetränke AG möchten auch unseren Beitrag dazu leisten, dass sich Ihre Besucher rundum wohlfühlen. Unsere Stärken liegen im Komplettservice für Erfrischungsgetränke. Unser Angebot ist vielfältig: Wir errichten Getränkestationen, statten Besucherrestaurants aus und stellen Getränkeautomaten auf. Für die Mitarbeiterkantine würden wir uns natürlich auch etwas Besonderes ausdenken.«

**Kundenvorstellungen erfragen**
Formulieren Sie Fragen, um herauszufinden, worauf der Kunde besonderen Wert legt.

Ihre erste Frage:

______________________________

______________________________

______________________________

**Beispielfrage 1 zu den Kundenvorstellungen:** »Wie sollte Ihrer Meinung nach die Versorgung der Besucher mit Erfrischungsgetränken aussehen?«

Ihre zweite Frage:

______________________________

______________________________

______________________________

→ FORTSETZUNG AUF DER NÄCHSTEN SEITE

**Beispielfrage 2 zu den Kundenvorstellungen:** »Wir sind ja bereits im In- und Ausland als Systemlieferant im Getränkebereich etabliert. Ich könnte Ihnen einige Getränkekonzepte aus anderen Freizeitparks vorstellen. Wäre das für Sie interessant?«

**Angebot machen**
Machen Sie dem Kunden ein konkretes Angebot.

Ihr Angebot:

______________________________________________

______________________________________________

______________________________________________

**Beispielhaftes Angebot:** »Ich verstehe Ihre Bedenken hinsichtlich der Pfandflaschen, auch ich würde keine Mitarbeiterkapazitäten zum Einsammeln von Leergut einplanen wollen. Daher glaube ich, dass wir besser mit Zapfanlagen und Bechern arbeiten sollten. Ich würde Ihnen anbieten, die Becher mit interessanten Motiven aus Ihrem Freizeitpark zu bedrucken. Wir könnten Ihnen ein Komplettpaket bestehend aus Zapfanlagen, Bechergebinden und Kühlsystemen für die durchschnittliche Getränkenachfrage bei 5000 Besuchern pro Tag liefern. Wenn Sie zusätzlich 15 Getränkeautomaten aufstellen, würde ich die Wartung, Bestückung und Abrechnung der Einnahmen aus den Automaten komplett übernehmen.«

**Abschluss herbeiführen**
Halten Sie das Gesprächsergebnis fest.

Ihr Abschluss:

______________________________________________

______________________________________________

______________________________________________

**Beispiel für einen Abschluss:** »Schön, dass wir uns einig geworden sind. Ich freue mich darauf, Sie beim Betrieb des Freizeitparks bei den Getränken entlasten zu können. Wie vereinbart, beginnen wir mit der Lieferung von Zapfanlagen, Bechern und Kühlsystemen eine Woche vor der Eröffnung. Wir machen Ihre Mitarbeiter gründlich mit der Bedienung vertraut und stellen zusätzlich zwölf Getränkeautomaten auf. Die Standorte für die Automaten bespreche ich noch mit Ihrer Anlagenplanerin. Beginnend mit der Eröffnung liefern wir dann Getränkesirup für 4000 Besucher pro Tag. Die Automatenbestückung und -wartung übernehmen wir.«

## Übung 2: Bröckelnde Umsätze

ÜBUNG

**Vorstellung des eigenen Unternehmens**
Präsentieren Sie die Großbank AG als kompetenten Dienstleister im Finanzsektor, um beim Kunden positive Aufmerksamkeit zu erzielen.

Ihre Unternehmensvorstellung:

________________________________________

________________________________________

________________________________________

**Beispielhafte Vorstellung des eigenen Unternehmens:** »Guten Tag, Herr Mayerhofer, wir arbeiten ja schon langjährig bei der Entwicklung und dem Vertrieb von Finanzprodukten zusammen. Die Großbank AG hat mit internen Umstrukturierungen eine noch bessere Marktausrichtung erreichen können. Wir können unseren Kunden jetzt noch besser als bisher maßgeschneiderte Produkte für alle Zielgruppen anbieten.«

**Kundenvorstellungen erfragen**
Finden Sie mit geschickten Fragen heraus, was dem Kunden besonders wichtig ist.

→ FORTSETZUNG AUF DER NÄCHSTEN SEITE

Ihre erste Frage:

______________________________________________

______________________________________________

______________________________________________

**Beispielfrage 1 zu den Kundenvorstellungen:** »Wie sehen die Bedürfnisse Ihres regionalen Kundenstammes aus?«

Ihre zweite Frage:

______________________________________________

______________________________________________

______________________________________________

**Beispielfrage 2 zu den Kundenvorstellungen:** »Woran liegt es Ihrer Meinung nach, dass in letzter Zeit Konkurrenzprodukte vermehrt nachgefragt wurden? Gibt es Lücken in unserem Produktportfolio?«

**Angebot machen**

Formulieren Sie ein konkretes Angebot für den Kunden.

Ihr Angebot:

______________________________________________

______________________________________________

______________________________________________

**Beispielhaftes Angebot:** »Herr Mayerhofer, ich habe herausgehört, dass wir beide die gleichen Ursachen für den Umsatzeinbruch sehen. Einige Zielgruppen sind nicht so angesprochen worden, wie es wünschenswert gewesen wäre. Daher sollten wir unsere Anstrengungen koppeln. Wir liefern Ihnen auf Kundenbedürfnisse besser als bisher zuschneidbare Finanzprodukte. Insbesondere private Rentenversicherungen und Berufsunfähigkeitsversicherungen. Darüber hinaus sollten wir den Wunsch der älteren Kunden nach Absicherung ihrer Kinder und Enkel besser aufgreifen. In diesem Bereich gibt es, glaube ich, großes Potenzial für unsere Ausbildungsversicherungen und Ansparpläne für Studiengebühren. Damit unsere Produkte auch richtig an den Mann oder die Frau gebracht werden können, bieten wir Ihnen ein Gesamtpaket mit Schulungsbausteinen für Ihre Mitarbeiter an.«

**Abschluss herbeiführen**
Sichern Sie das Gesprächsergebnis mit einer Zusammenfassung ab.

Ihr Abschluss:

___

___

___

**Beispiel für einen Abschluss:** »Es freut mich, dass wir unsere gemeinsamen Erfolge weiterführen können. Wie besprochen, werden wir Ihren Mitarbeitern unser neues, passgenau zuschneidbares Produktportfolio ausführlich vorstellen. Dabei werden wir einzelne Schulungsbausteine besprechen und wie von Ihnen gewünscht auch mit Staffelprovisionen einen zusätzlichen Motivationsanreiz für Verkaufserfolge setzen.«

## Checkliste Verkaufs- und Beratungsgespräch

CHECKLISTE

- ○ Können Sie sich in die Lage des Kunden versetzen? Was könnte ihm besonders wichtig sein (Kosten, Status, Innovation, Sicherheit)?
- ○ Überlegen Sie sich in der Vorbereitungsphase Argumente, um auf Einwände des Kunden vorbereitet zu sein?
- ○ Haben Sie sich für Ihre wichtigsten Argumente eine Reihenfolge überlegt, in der Sie sie präsentieren wollen?
- ○ Können Sie sich über Eck und nicht ihrem Kunden gegenüber setzen?

→ FORTSETZUNG AUF DER NÄCHSTEN SEITE

- ◯ Sprechen Sie den Kunden bei der Begrüßung und im laufenden Gespräch mit Namen an?
- ◯ Können Sie ihn dazu bringen, seine Vorstellungen zu äußern?
- ◯ Knüpfen Sie mit Fragetechniken an die geäußerten Kundenwünsche an, um weitere Detailinformationen zu bekommen?
- ◯ Setzen Sie im Gespräch Zustimmungsgesten und -laute ein, um Gemeinsamkeiten zu betonen und eine gute Arbeitsatmosphäre herzustellen?
- ◯ Arbeiten Sie zunächst auf eine grundsätzliche Zustimmung für das Produkt oder die Dienstleistung hin, bevor Sie ein konkretes Angebot machen?
- ◯ Erkennen Sie, wann Ihr Kunde bereit ist, Ihr Angebot zu akzeptieren, und kommen Sie dann zu einem Abschluss (Abschlusssicherheit)?
- ◯ Beenden Sie das Gespräch aktiv, halten das Gesprächsergebnis fest und stimmen die weiteren Schritte ab?

# Reklamationsgespräch: Bekommen Sie schwierige Kunden in den Griff

**Auch Reklamationsgespräche werden vorrangig dann im Assessment-Center eingesetzt, wenn Positionen mit Kundenkontakt besetzt werden sollen. Hier weht ein etwas rauerer Wind, denn wenn Kunden Produkte oder Dienstleistungen reklamieren, läuft dies in der Regel nicht sehr harmonisch ab. Um die Situation zu verschärfen, treten manchmal sogar Schauspieler als verärgerte Kunden auf, denen man vorher aufgetragen hat, sich besonders aggressiv und patzig zu verhalten.**

**Aber keine Sorge: Wenn Sie richtig vorgehen, lässt sich auch die emotional aufgeheizte Situation eines Reklamationsgesprächs in den Griff bekommen. Auch sehr aufbrausende Menschen kann man wieder zurück zum sachlichen Kern des Problems führen. Ihre Belastbarkeit und Stressresistenz werden Sie jedoch auf jeden Fall erst einmal unter Beweis stellen müssen.**

## Warum wird diese Übung eingesetzt?

*Kundenbindung*

Unternehmen sind sehr an einer engen Kundenbindung interessiert. Den Geschäftserfolg bestimmt heute nicht mehr nur das Produkt oder die Dienstleistung, sondern das Gesamtpaket aus Produkt-/Dienstleistungsnutzen, Kundenbetreuung, Schulung und Service.

Hinzu kommt, dass Unternehmen verstärkt Rückmeldungen von Kunden nutzen, um ihr Angebot zu modifizieren und zu verbessern. Daher müssen sich Mitarbeiter auch schwierigen Situationen mit dem Kunden stellen können.

Bei einem emotionalen Reklamationsgespräch im Assessment-Center müssen Sie also zeigen: Können Sie auch mit schwierigen Kunden umgehen? Sind Sie in der Lage, den sachlichen Kern der Kundenbeschwerde auf den Punkt zu bringen? Behalten Sie bei Zugeständnissen das Unternehmensinteresse im Blick? Und schaffen Sie es, verärgerte Kunden zu zufriedenen Stammkunden zu machen?

### Worauf achten die Beobachter?

*Bleiben Sie sachlich und professionell*

Wenn Reklamationsgespräche durchgeführt werden, dann ist es für die Beobachter besonders interessant zu sehen, wie die Kandidaten mit diesen emotional belasteten Situationen umgehen. Auf persönliche Angriffe reagieren wir instinktiv erst einmal mit einer Flucht oder einem Gegenangriff. Wer aber so bei der Reklamationsübung reagiert, fällt bei den Beobachtern durch. Diese wollen vielmehr Folgendes bestätigt sehen: Halten Sie dem Druck stand? Bleiben Sie höflich, aber bestimmt? Holen Sie den Kunden aus dem Tal der Tränen heraus? Können Sie ihn besänftigen und dem Unternehmen gegenüber wieder positiv stimmen?

Weiterhin ist den Beobachtern wichtig, dass der Kandidat deeskalierend vorgehen kann. Hier ist Ihre Flexibilität gefragt. So kann es einerseits nötig sein, dem Kunden erst einmal Raum zu geben, damit er Dampf ablassen kann. Danach muss er aber elegant ausgebremst werden, sodass das Gespräch wieder in ein sachliches Fahrwasser kommt und die knappe Zeitvorgabe eingehalten wird.

### Typische Fehler

Ein Hauptfehler beim Reklamationsgespräch liegt darin, sich auf die emotional aufgeheizte Stimmung des Kunden einzulassen. Viele versuchen, dem Kunden ungeduldig zu vermitteln, dass er eigentlich Unrecht hat oder die Sache doch nicht so schlimm ist. Damit gießen sie jedoch noch mehr Öl ins Feuer, die Situation eskaliert und droht, völlig aus dem Ruder zu laufen.

Andere überlassen die gesamte Gesprächsführung dem Kunden und nicken jeden Vorwurf zustimmend ab. Wenn Sie den Kopf in den Sand stecken, werden Sie aber zum Spielball des geschulten Gegenübers, das dann immer haarsträubendere Forderungen stellen wird. An der Körpersprache wird gerade im Reklamationsgespräch schnell sichtbar, welche Kandidaten unter großem Druck stehen und sich der Situation nicht gewachsen fühlen. Das reicht vom fehlenden Blickkontakt über Unsicherheitsgesten bis hin zum Zurückweichen vor dem Kunden.

Weiter vermerken die Beobachter es als negativ, wenn sich Kandidaten auf Nebenkriegsschauplätze locken lassen. Sie müssen besonders pauschale Vorwürfe des Kunden an das Unternehmen abblocken und entkräften. Leider gibt es immer wieder Kandidaten, die aufgrund des Drucks von sich ablenken wollen und daher mit einstimmen, wenn der Kunde mit einer Schmährede gegen die eigenen Kollegen oder das Unternehmen beginnt. So geht es aber nicht, schließlich tritt der Kandidat als Repräsentant des Unternehmens auf und muss es natürlich gegen Angriffe jeder Art elegant verteidigen.

### Sinnvolle Strategien

*Welche Zugeständnisse können Sie machen?*

Da das Reklamationsgespräch vorrangig ein Stresstest ist, sollten Sie sich darauf einstellen, dass sich der Kunde erst einmal Luft machen wird, bevor er in der Sache ansprechbar ist. Diesen Druck müssen Sie aushalten. Um dem Kunden weiterzuhelfen, sollten Sie sich bereits in der Vorbereitungsphase dieser Übung überlegen, welche Zugeständnisse Sie ihm machen können. Dabei müssen Sie aber realistisch bleiben. Insbesondere sollten Sie vermeiden, dass der Kunde einen einmaligen Fehler für dauerhafte Rabatte nutzt.

Bremsen Sie den Kunden nach der heißen Anfangsphase des Gesprächs freundlich, aber bestimmt. Es kann durchaus nötig sein, sich mit Stoppgesten Raum für eigene Anmerkungen zu verschaffen. Zielen Sie dann auf die bisherige gute Zusammenarbeit ab und rufen Sie dem Kunden die Vorzüge Ihres Unternehmens ins Gedächtnis.

*Verhandlungstaktik*

Machen Sie lieber ein konkretes Angebot, um das aufgetretene Problem zu beheben, als dem Kunden Tür und Tor für seine Forderungen zu öffnen. Sie können davon ausgehen, dass Ihr Gegenüber alles versuchen wird, um weitreichende Zugeständnisse zu erhalten. Er wird grundsätzlich mehr fordern, als Sie ihm bieten können oder dürfen. Beginnen Sie daher auf keinen Fall mit Ihrem Maximalangebot, sondern gehen Sie mit abgestuften Angeboten auf den Kunden zu.

Auch hier müssen Sie das Gesprächsergebnis sichern. Wiederholen Sie dem Kunden gegenüber die wesentlichen Punkte der Einigung und versprechen Sie ihm, dass Sie schnellstmöglich wie vereinbart für Abhilfe sorgen werden.

Nun stellen wir Ihnen praxisnahe Aufgabenstellungen zur AC-Übung »Reklamationsgespräch« vor. Machen Sie sich mit den Szenarien vertraut, die Sie erwarten könnten.

**Typische Aufgabenstellungen in Reklamationsgesprächen**

BEISPIEL

## Reklamationsgespräch 1: Es brennt

Sie sind Herr Schnieder, Vertriebsleiter der Versicherungs-AG. Ihre Sekretärin hat Ihnen heute morgen eine Notiz auf den Schreibtisch gelegt, dass sich der Geschäftsführer eines mittelständischen Betriebes, Herr Rosenbaum, massiv beschwert hat. Seine Firma hat über 70 PKWs bei Ihnen versichert. Einer seiner Außendienstmitarbeiter hatte einen selbst verschuldeten Unfall, den Ihre Versicherung nur teilweise regulieren will. Nun droht Herr Rosenbaum mit der Kündigung sämtlicher Verträge.

Herr Rosenbaum erwartet Sie in seinem Büro. Er räumt Ihnen 10 Minuten Gesprächszeit ein. Bis zur Abfahrt haben Sie noch 10 Minuten Zeit, um das Gespräch vorzubereiten.

BEISPIEL

## Reklamationsgespräch 2: Antipathien

Sie sind Frau Stapelholz, Senior Managerin bei der Unternehmensberatung Worldwide Solutions. Einer Ihrer Projektleiter hat Ihnen mitgeteilt, dass es zu Unstimmigkeiten mit einem wichtigen Kunden gekommen ist. Der Kunde, ein renommierter Sportartikelhersteller, hat sich gegen ein wichtiges Mitglied Ihres Projektteams zum Aufbau von internationalen Vertriebsplattformen im Internet gewandt: Die Projektteilnahme von Dr. Fu Ling, Ihrem Experten für E-Commerce, ist nicht mehr erwünscht.

Eine erfolgreiche Projektdurchführung ist ohne Dr. Ling schwierig und würde den vereinbarten Zeit- und Kostenrahmen sprengen.

Sie haben gleich einen Termin mit dem Ansprechpartner auf der Kundenseite, dem Geschäftsführer Herrn Hoppe. Er hat Ihnen bereits mitgeteilt, dass er seine Haltung nicht ändern wird. Er ist jedoch bereit, Ihnen Raum zur Darstellung des weiteren

Vorgehens zu geben. Herr Hoppe erwartet Sie in 30 Minuten, um Ihnen 15 Minuten seiner kostbaren Zeit zu widmen.

BEISPIEL

## Reklamationsgespräch 3: Überzeugungsarbeit

Sie sind Herr Hansen, Großkundenbetreuer Gas und Strom bei der Energieversorger AG. In dem von Ihnen betreuten Gebiet kam es vor einigen Wochen zu einem Totalausfall der Stromnetze. Hierüber ist der Geschäftsführer eines Gastronomieparks so erbost, dass er rechtliche Schritte angekündigt hat.

Sie sollen nun den Geschäftsführer Herrn Hop von einer möglichen Klage abbringen. Da es in der Vergangenheit schon häufiger Totalausfälle wegen veralteter Technik gegeben hat, wäre weitere negative Presse schlecht für die Außenwirkung der Energieversorger AG.

Herr Hop erwartet Sie in 15 Minuten in seinem Gastronomiepark. Für das Gespräch hat er Ihnen 10 Minuten Zeit eingeräumt.

BEISPIEL

## Reklamationsgespräch 4: Geschmacksprobleme

Sie sind Frau Platow, Großkundenbetreuerin bei der Markeneis AG. Die Firmenkantine der Metallbau AG bezieht seit vielen Jahren alle Desserts von Ihnen. Jetzt haben sich die Kantinengäste schon zum zweiten Mal massiv beim Kantinenleiter, Herrn Sanibas, über den metallischen Geschmack der ausgegebenen Desserts beschwert. Ihre unbedachte Äußerung am Telefon, dass der ungewöhnliche Geschmack eventuell von einer nicht sachgemäßen Lagerung in seinem Kühlraum kommen könnte, hat bei Herrn Sanibas einen massiven Wutanfall ausgelöst.

→ FORTSETZUNG AUF DER NÄCHSTEN SEITE

Klären Sie jetzt persönlich das Problem mit Herrn Sanibas. Finden Sie heraus, was getan werden kann, um den Mitarbeitern wieder ein schmackhaftes Dessert anbieten zu können und Herrn Sanibas weiter als treuen Stammkunden zu halten.

Herr Sanibas hat Ihnen 15 Minuten Gesprächszeit eingeräumt. Bis zum Gespräch verbleiben Ihnen noch 20 Minuten Vorbereitungszeit.

BEISPIEL

## Reklamationsgespräch 5: Der Hagelschaden

Sie sind Frau Funke, Verkaufsmitarbeiterin für Gebrauchtwagen im Autohaus Prompt. Vor drei Wochen haben Sie an Herrn Nehls ein zwei Jahre altes Luxus-SUV zum Preis von 45000,- Euro verkauft. Über diesen Verkauf haben Sie sich gefreut, da Ihr langjähriger Kunde Herr Nehls genau die Ausstattung des SUV bekam, die er schon länger gesucht hatte. Für Sie ist dabei eine ansehnliche Verkaufsprovision herausgesprungen.

Heute Morgen hat Herr Nehls wutentbrannt angerufen. Zufällig hat er über seinen Tankwart erfahren, dass das SUV vor einem Jahr einen erheblichen Hagelschaden hatte. Dieser Schaden war seinerzeit ausgebessert worden. Da ein Hagelschaden nicht automatisch ein Unfallschaden ist und er professionell behoben wurde, hatten Sie beim Verkauf nichts davon gesagt.

Herr Nehls ist auf dem Weg in Ihr Büro. Klären Sie den Sachverhalt und arbeiten Sie darauf hin, dass Herr Nehls dem Autohaus Prompt weiterhin als treuer Stammkunde erhalten bleibt. Der vom Kunden am Telefon geforderten Reduzierung des Kaufpreises um 15000,- Euro können Sie auf keinen Fall zustimmen.

Herr Nehls ist ein viel beschäftigter Mann, er erwartet die Klärung in einem 15-minütigen Gespräch. Sie können sich noch 15 Minuten auf das Gespräch vorbereiten.

Auch Reklamationsgespräche laufen im Assessment-Center besser, wenn Sie sich im Vorfeld mit der Situation und ihren typischen Schwierigkeiten vertraut gemacht haben. Ausgehend vom ersten Reklamationsgespräch »Es brennt« gehen wir nun mit Ihnen die Punkte durch, die Kandidatinnen und Kandidaten im AC die meisten Schwierigkeiten bereiten. Trainieren Sie, aufgebrachte Kunden zu bremsen, wehren Sie überzogene Kundenforderungen taktisch geschickt ab und machen Sie dann ein wirtschaftlich vertretbares Angebot. Zu guter Letzt sichern Sie das Gesprächsergebnis, indem Sie Ihr Entgegenkommen herausstellen und den Kunden auf eine weiterhin gute Geschäftsbeziehung einschwören.

Wie ein optimales Vorgehen aussehen könnte, sehen Sie im Anschluss anhand unserer Beispielformulierungen.

## Übung 1: Es brennt

ÜBUNG

**Aufgebrachte Kunden bremsen**
Überlegen Sie sich einen Gesprächseinstieg, mit dem Sie den wütenden Kunden zurück zum Sachthema bringen können.

Ihr Gesprächseinstieg:

______________________________

______________________________

______________________________

**Beispielhafte Annäherung an das Sachthema:** »Herr Rosenbaum, ich kann verstehen, dass Sie aufgeregt sind. Es ist ja doch immer eine schwierige Situation, wenn Mitarbeiter Unfälle haben. Wenigstens gab es keinen Personenschaden. Lassen Sie uns nun überlegen, wie wir die Sache regeln können. Ich möchte Ihnen auf jeden Fall bei der Schadensregulierung so weit wie möglich den Rücken frei halten. Ich muss mich aber auch an Verträge halten.«

**Kundenforderungen diplomatisch abwehren**
Wehren Sie zu weitreichende Forderungen des Kunden ab. Überlegen Sie sich, wie Sie auf diese zwei Maximalforderungen diplomatisch reagieren können.

→ FORTSETZUNG AUF DER NÄCHSTEN SEITE

Kundenforderung 1: »Wenn wir weiter im Geschäft bleiben wollen, muss etwas passieren. Ich erwarte eine vollständige Schadensregulierung.«

Ihre Reaktion 1:

______________________________________________

______________________________________________

______________________________________________

**Beispielhafte Reaktion auf Maximalforderung 1:** »Wir müssen natürlich auch das Verhalten Ihres Mitarbeiters berücksichtigen. Den Schaden des Unfallgegners haben wir wie immer schnell und unbürokratisch reguliert, ohne Ihre Fuhrparkverwaltung zu belasten. Wir sollten vielleicht einmal ins Auge fassen, ob in Zukunft nicht eine Vollkaskoversicherung die sinnvollste Lösung für Sie wäre.«

Kundenforderung 2: »Da wir nun schon einmal im Gespräch sind: Es gibt ja auch noch andere Anbieter, die weitaus günstiger als Sie sind. Daher erwarte ich zukünftig einen 10-prozentigen Flottenrabatt für alle bestehenden Verträge.«

Ihre Reaktion 2:

______________________________________________

______________________________________________

______________________________________________

**Beispielhafte Reaktion auf Maximalforderung 2:** »Natürlich möchte ich Sie als Kunden halten. Ich glaube aber auch, dass Sie mit unserer bisherigen Arbeit sehr zufrieden sein können. Mit weiteren Rabatten tue ich mich natürlich schwer. Wir kalkulieren immer sehr knapp, um unseren Kunden günstige Tarife bei vollem Service anbieten zu können. Selbstverständlich würde ich mich für Sie einsetzen, wenn Sie mir die Versicherungsverträge, die Sie bei anderen Gesellschaften abgeschlossen haben, einmal zur Prüfung überlassen. Ich bin mir sicher, dass ich Ihnen dann ein sehr interessantes Gesamtpaket schnüren kann.«

**Realistisches Zugeständnis machen**
Machen Sie dem Kunden ein wirtschaftlich vertretbares Angebot.

Ihr Angebot:

---

---

---

**Beispielformulierung für ein wirtschaftlich vertretbares Angebot:** »Ich möchte noch einmal bekräftigen, dass ich sehr an einer Weiterführung unserer Geschäftsbeziehung interessiert bin. Natürlich werde ich für Sie als langjährigen Geschäftspartner alle Möglichkeiten ausloten. Mein Vorschlag wäre ein 3-prozentiger Rabatt, wenn wir uns auf eine jährliche statt wie bisher vierteljährliche Beitragszahlung einigen. Zusätzlich kann ich Ihnen eine Vollkaskoabsicherung Ihres Fuhrparks mit einem Abschlag von 5 Prozent auf unsere üblichen Konditionen anbieten.«

**Gesprächsergebnis wiederholen**
Halten Sie das Gesprächsergebnis fest.

Ihr Abschluss:

---

---

---

**Beispielhafte Schlussformulierung für das Reklamationsgespräch:** »Schön, dass wir das Problem in den Griff bekommen haben, wobei ich natürlich sagen muss, dass ich in Ihrem Fall schon Zugeständnisse gemacht habe, die ich normalerweise nicht machen kann. Wir stellen die Zahlungsweise auf jährliche Beträge um. Im Gegenzug gewähren wir Ihnen 4 Prozent Rabatt. Ein Angebot für eine Vollkaskoversicherung lasse ich Ihnen zukommen. Sie sollten sich das ernsthaft überlegen, da Sie ja in nächster Zeit Ihre Fahrzeugflotte erneuern werden. Ich lege bei Vertragsabschluss noch ein eintägiges Fahrsicherheitstraining bei einem renommierten deutschen Rallyeprofi für Ihre Außendienstmitarbeiter drauf.«

ÜBUNG

## Übung 2: Antipathien

**Aufgebrachte Kunden bremsen**
Notieren Sie, wie Sie das Gespräch mit dem verärgerten Geschäftsführer, Herrn Hoppe, beginnen können, um möglichst schnell eine sachliche Ebene zu erreichen.

Ihr Einstieg:

______________________________

______________________________

______________________________

**Beispielhafte Annäherung ans Sachthema**
»Guten Tag, Herr Hoppe, ich bin heute bei Ihnen, um mit Ihnen über die Zusammensetzung des Projektteams zu sprechen. Lassen Sie uns einmal die wesentlichen Kriterien für die Besetzung des Projektteams besprechen. Es ist doch so, dass Sie einen ausgewiesenen Experten benötigen, der im Bereich E-Commerce zu Hause ist. Es ist aber auch wichtig, dass jemand beteiligt wird, der die Anforderungen der einzelnen internationalen Märkte kennt. Daher habe ich Herrn Dr. Ling vorgeschlagen. Nicht zuletzt auch deshalb, weil die asiatischen Märkte nicht nur Wachstumspotenzial, sondern auch überdurchschnittliche Renditen versprechen.«

**Kundenforderungen diplomatisch abwehren**
Verlieren Sie die Interessen Ihres Unternehmens nicht aus dem Blick, wehren Sie unrealistische Ansprüche ab.

Kundenforderung: »Wenn Sie mir keinen anderen Experten als Dr. Ling bieten können, entziehe ich Ihnen den Auftrag wieder.«

Ihre Reaktion:

______________________________

______________________________

______________________________

**Beispielhafte Reaktion auf die Maximalforderung:** »Ich glaube nicht, dass es um die Person von Dr. Ling geht. Ich höre heraus, dass Sie Bedenken haben, dass sich Herr Ling komplett in den Dienst der Sache stellen wird. Diese Bedenken kann ich vollkommen ausräumen. Sollte es zu Spannungen gekommen sein, lassen Sie uns das bitte zu dritt klären. Für mich ist die Anwesenheit von Herrn Dr. Ling ein entscheidender Erfolgsfaktor für das Projekt. Ich möchte ihn in Ihrem Interesse im Projekt dabeihaben.«

**Realistisches Zugeständnis machen**
Um den Kunden zu halten, sollten sich vor dem Gespräch überlegen, welches Zugeständnis Sie ihm machen könnten.

Ihr Angebot:

______________________________

______________________________

______________________________

**Beispielformulierung für ein wirtschaftlich vertretbares Angebot:** »Ich möchte mich für Ihre Offenheit bedanken und glaube, dass Sie einen Gewinn aus diesem Gespräch ziehen werden. Die Expertise von Dr. Ling wird Ihnen zu einer äußerst erfolgreichen E-Commerce-Plattform verhelfen. Um möglichen Spannungen von vornherein aus dem Weg zu gehen, werde ich einen persönlichen Assistenten für Herrn Ling etablieren, der als Kontaktperson fungieren wird. Und zwar sowohl Ihnen als auch mir gegenüber. Damit haben wir dann für dieses wichtige Projekt auch einen kurzen Draht zueinander etabliert. Die zusätzlichen Personalkosten fangen wir dadurch auf, dass wir einige Recherchen von Praktikanten durchführen lassen. Was halten Sie davon?«

**Gesprächsergebnis wiederholen**
Damit im Nachhinein keine Missverständnisse auftauchen oder unnötige Nachverhandlungen beginnen, sollten Sie die getroffene Vereinbarung ausdrücklich wiederholen.

Ihr Abschluss:

______________________________

______________________________

______________________________

→ FORTSETZUNG AUF DER NÄCHSTEN SEITE

**Beispielhafte Schlussformulierung für das Reklamationsgespräch:** »Herr Hoppe, ich freue mich, dass wir zu einer für Sie zufriedenstellenden Lösung finden konnten. Wir werden mit den vereinbarten Maßnahmen ein echtes Flagschiff unter den E-Commerce-Plattformen aufbauen. Wir setzen an der bereits erfolgten Analyse Ihrer Geschäftssprozesse an. Dr. Ling wird die fachliche Expertise übernehmen. Als Bindeglied in Ihr Unternehmen hinein und auch als Ansprechpartner für Sie etablieren wir einen Assistenten für Herrn Ling. Ich finde es wichtig, dass wir auch weiterhin eng in Kontakt bleiben. Zögern Sie nicht, mich sofort anzurufen, wenn Sie Gesprächsbedarf haben.«

CHECKLISTE

## Checkliste Reklamationsgespräch

- ◯ Haben Sie sich vor dem Gespräch überlegt, welche Zugeständnisse Sie machen können und wo Ihre Grenzen liegen (Unternehmensinteresse)?
- ◯ Sprechen Sie den Kunden bei der Begrüßung und während des Gesprächs mit Namen an?
- ◯ Sind Sie sich bewusst, dass Reklamationsgespräche in erster Linie ein Stresstest sind? Bleiben Sie auch bei persönlichen Angriffen ruhig?
- ◯ Räumen Sie aufgebrachten Kunden die Möglichkeit ein, erst einmal Dampf abzulassen, um dann das Gespräch auf eine sachliche Ebene zurückzubringen?
- ◯ Können Sie Kunden, die ihre Emotionen nicht unter Kontrolle bekommen, durch Stoppgesten Einhalt gebieten, um überhaupt zu einem Gespräch zu kommen?

- ◯ Weisen Sie auf die bisherige gute Zusammenarbeit (Dienstleistung) beziehungsweise Zufriedenheit (Produkte) hin?
- ◯ Lassen Sie den Kunden eigene Vorschläge machen, wie sich das Problem aus der Welt schaffen lässt?
- ◯ Haben Sie sich bei Ihren Zugeständnissen einen Verhandlungsspielraum offen gehalten, da der Kunde Ihr erstes Zugeständnis mit Sicherheit ablehnen wird?
- ◯ Schaffen Sie es, dass der Kunde den Blick wieder nach vorne richtet und sich vorstellen kann, weiter mit Ihrem Unternehmen zusammenzuarbeiten?
- ◯ Beenden Sie das Gespräch innerhalb des vorgegebenen Zeitrahmens?
- ◯ Halten Sie das Gesprächsergebnis fest und einigen sich über die weiteren Schritte?

# Verhandlung: Setzen Sie Ihre Ziele durch

**Verhandlungsübungen werden immer häufiger in Assessment-Centern eingesetzt. Es geht hier darum, mit einem vom Unternehmen gestellten Kollegen, der sich auf der gleichen hierarchischen Ebene befindet, zu einer Einigung zu kommen. Im Gegensatz zum Mitarbeitergespräch handelt es sich hier also nicht um disziplinarische Probleme oder um die Mitarbeitermotivation. Vielmehr werden zwischen den Verhandlungsbeteiligten Budgets ausgehandelt, Personalstärken festgelegt und ein gemeinsames Vorgehen in Projekten abgestimmt.**

## Warum wird diese Übung eingesetzt?

*Flache Hierarchien, größere Entscheidungsspielräume*

Erst in den vergangenen Jahren haben Verhandlungsübungen vermehrt Einzug ins Assessment-Center gehalten. Dies spiegelt den Trend zu flacheren Hierarchien und damit verbundenen größeren Entscheidungsspielräumen für die Mitarbeiter in Unternehmen wider. Budgets werden inzwischen nicht mehr ausschließlich vorgegeben. Je nach Bedarf der einzelnen Abteilungen gibt es inzwischen Spielräume bei der Mittelverteilung. Gleichzeitig hat aber auch der Begründungsbedarf zugenommen. Entscheidungen werden nicht verordnet, sondern müssen mit den beteiligten Kollegen ausgehandelt werden.

Damit liegt der Fokus wieder einmal auf Soft Skills wie kommunikatives Geschick, Durchsetzungsfähigkeit und Bereitschaft zur Kooperation. Diese Skills werden dann auch vorrangig in den Verhandlungsübungen geprüft.

## Worauf achten die Beobachter?

Verhandlungen sind keine Selbstläufer. Wie auch im Berufsalltag kommt es darauf an, keine unüberbrückbaren Gegensätze entstehen zu lassen. Die Balance zwischen Durchsetzungs- und Kooperationsvermögen muss immer wieder aufs

Neue hergestellt werden. Für die Beobachter ist dieser Balanceakt sehr interessant, da sie auch in ihrem eigenen Berufsalltag ständig mit Verhandlungssituationen konfrontiert werden.

Sie achten daher besonders auf folgende Aspekte: Stellt der Kandidat zu Beginn der Verhandlung ein Wir-Gefühl her? Macht er vertretbare Zugeständnisse? Behält er auch bei energischem Vorgehen der Gegenseite seine Position bei? Kann er die Leistung der eigenen Abteilung verdeutlichen? Hat er das Unternehmensinteresse im Blick? Und arbeitet er konsequent auf ein Ergebnis hin, das beide Beteiligte akzeptieren können?

*Flexibel und argumentativ stark*

Sowohl zu weiche Kandidaten, die sich von ihrem Verhandlungspartner über den Tisch ziehen lassen, als auch diejenigen, die stur und kompromisslos auf ihren Forderungen beharren, werden keine gute Bewertung erzielen. Gefragt ist also ein flexibles, argumentativ starkes Vorgehen, das innerhalb der vorgegebenen Zeit zu einem tragfähigen Kompromiss führt.

### Typische Fehler

Der typische Fehler ist ein eindimensionales Vorgehen bei der Verhandlungsübung. Wer immer nur auf seinen Vorstellungen beharrt, wird sein Gegenüber in Grabenkämpfe treiben und kommt zu keiner Einigung. Aber auch wer auf alle Forderungen des Verhandlungspartners eingeht und zu weit reichende Zugeständnisse macht, handelt unflexibel und wird als harmoniesüchtig eingeschätzt werden.

Ein weiterer schwerwiegender Fehler ist es, wenn der Kandidat oder die Kandidatin bei der Verhandlungsübung zu emotional reagiert, beispielsweise indem er oder sie die Leistungen des Verhandlungspartners abwertet. Zum Teil werden Sie in der Verhandlungsübung auf Gegenspieler treffen, die genau diese emotionale Linie fahren. Wenn Sie dann nicht deeskalieren und auf den sachlichen Kern des Themas zurückkommen können, sieht es schlecht für Ihre Bewertung aus.

Kandidaten, die sich zu weit von der vorgegebenen Rolle entfernen, bringen sich ebenfalls in Schwierigkeiten. Sie sollten sich unbedingt entsprechend Ihrer in der Aufgabenstellung für die Verhandlung vorgegebenen beruflichen Position verhalten. Es fällt ferner negativ auf, wenn Kandidaten auf Einwände des Verhandlungspartners nicht vorbereitet sind und keine überzeugenden Gegenargumente bringen können.

### Sinnvolle Strategien

*Welche Möglichkeiten haben Sie?*

Sehr wichtig ist es, sich in der Vorbereitungszeit mit den Möglichkeiten und Einschränkungen der vorgegebenen beruflichen Position vertraut zu machen. Welche Aufgaben übernehmen Sie dabei im Unternehmen? Welchen Beitrag leisten Sie zur Unternehmensentwicklung? Welche strategischen Projekte fallen in Ihren Verantwortungsbereich? Wie groß ist Ihr Entscheidungsspielraum? Wenn Sie sich in die Rolle hineingefunden haben, sollten Sie sich auch schon vorab mit möglichen Gegenargumenten beschäftigen. Was könnte der Verhandlungspartner an Argumenten bringen? Welche Strategie wird er möglicherweise aufgrund seiner Position im Unternehmen verfolgen? Welche Vorwürfe könnte er Ihnen machen? Zu Beginn der Verhandlungsübung sollten Sie zunächst auf ein Wir-Gefühl hinarbeiten. Stellen Sie beispielsweise gemeinsame Erfolge aus der Vergangenheit heraus.

Gehen Sie nicht zu schnell zur Geld- oder Personalfrage über. Stellen Sie zunächst die Vorteile Ihrer Abteilung heraus. Angriffen, Vorwürfen und anderen Emotionalisierungen sollten Sie ruhig, aber bestimmt begegnen. Verweisen Sie immer wieder darauf, wie wichtig das von Ihnen bevorzugte Vorgehen für die zukünftige Unternehmensentwicklung ist.

Damit Sie sehen, was Sie bei Verhandlungsübungen im Assessment-Center erwarten kann, stellen wir Ihnen nun einige Aufgabenstellungen vor. Sie werden auch auf Verhandlungsübungen treffen, in denen die Rollen für die Verhandlungspartner festgelegt sind. Auf diese Weise erhöht sich der Druck für die Kandidaten, da die vorgegebenen Ziele kollidieren. Machen Sie sich jetzt mit einigen typischen Themen für Verhandlungen vertraut.

**Typische Aufgabenstellungen in Verhandlungen**

## Verhandlungsthema 1: Rationalisierung

BEISPIEL

**Verhandlungsvorgabe für Frau Anselm**
Sie sind Frau Anselm, Personalleiterin in der INTERCREDITA AG. Nachdem vor einem halben Jahr die Unternehmensberatung Flachmann & Partner die INTERCREDITA unter die Lupe genommen hat, um Kosten zu senken, hat die Geschäftsleitung angeregt, die Vertriebsmannschaft von zehn auf acht Personen zu verkleinern.

Sie wissen allerdings, dass die Arbeit im Vertrieb schon jetzt kaum zu schaffen ist. Erst vor kurzem hat es viele Ausfälle und Probleme durch Kündigungen, Einarbeitungen und Erziehungsurlaube sowie viele Überstunden gegeben.

Gleich kommt der Vertriebsleiter Herr Kowalski. Sie haben ihn zum Gespräch gebeten, um mit ihm über die Wünsche der Geschäftsleitung zu verhandeln. Setzen Sie sich im Sinne der Geschäftsleitung ein und überzeugen Sie Herrn Kowalski davon, dass die im Vertrieb anfallende Arbeit künftig auch mit weniger Personal zu bewältigen ist.

Für die Vorbereitung des Gesprächs haben Sie 30 Minuten Zeit. Das anschließende Gespräch sollte nicht länger als 15 Minuten dauern.

**Verhandlungsvorgabe für Herrn Kowalski**
Sie sind Herr Kowalski, Vertriebsleiter in der INTERCREDITA AG. Sie wissen, dass vor einem halben Jahr die Unternehmensberatung Flachmann & Partner die INTERCREDITA unter die Lupe genommen hat, um Kosten zu senken. Es ist zu befürchten, dass auch in Ihrem Bereich Personal abgebaut werden muss.

Gleich gehen Sie zum Gespräch mit der Personalleiterin Frau Anselm. Über den Flurfunk haben Sie bereits gehört, dass Frau Anselm von Ihnen einen Personalabbau verlangen wird. Dies halten Sie aber für nicht durchführbar. Denn auch jetzt schon ist die Arbeit im Vertrieb kaum zu schaffen. Es hat gerade in der Vergangenheit viele Ausfälle und Probleme durch Kündigungen, Einarbeitungen, Erziehungsurlaube und viele Überstunden gegeben.

→ FORTSETZUNG AUF DER NÄCHSTEN SEITE

Aus Ihrer Sicht können Sie auf keinen einzigen Mitarbeiter verzichten. Im Gegenteil, eigentlich müssten zwei neue Mitarbeiter für den Vertrieb eingestellt werden. Im Übrigen sind Sie der Ansicht, dass Personalabbau im Vertrieb auf mittlere Sicht zu weniger Umsatz und Gewinn führen wird, was das ganze Unternehmen beschädigen könnte. Daher möchten Sie lieber, dass in anderen Abteilungen, insbesondere in der IT oder in der Personalabteilung, Stellen gestrichen werden.

Für die Vorbereitung des Gesprächs mit Frau Anselm haben Sie noch 30 Minuten Zeit. Das anschließende Gespräch sollte nicht länger als 15 Minuten dauern.

BEISPIEL

## Verhandlungsthema 2: Verteilungskämpfe

Sie sind Senior Manager bei der Unternehmensberatung Rat & Tat und treffen gleich Ihre Kolleginnen, die Senior Managerinnen Reis und Hopfen. Die Unternehmensberatung Rat & Tat hat ein Human-Resources-Projekt bei der LUFT- und RAUMFAHRT AG akquiriert. Sie und Ihre beiden Kolleginnen werden jeweils ein Beraterteam ins Unternehmen entsenden. Ihr Team wird sich um die Optimierung der Personalauswahl kümmern. Frau Reis soll das Personalmarketing durchleuchten und verbessern. Frau Hopfen ist für die Effizienzsteigerung in der Personalentwicklung verantwortlich.

Das Auftragsvolumen beträgt 1,3 Millionen Euro. Sie müssen mindestens 40 Prozent des Auftragsvolumens für Ihr Team herausholen, sonst ist sowohl der Jahresbonus Ihrer Mitarbeiter als auch Ihr eigener in Gefahr.

Nun geht es um die Verteilung der Mittel: Einigen Sie sich mit den beiden anderen auf die Mittelverteilung für die drei Projektteams.

Frau Reis und Frau Hopfen treffen in 20 Minuten ein. Sie haben 15 Minuten Zeit, um zu einer Einigung zu kommen.

BEISPIEL

## Verhandlungsthema 3: Kostensenkung

**Verhandlungsvorgabe für Herrn Bunt**
Sie sind Herr Bunt, Abteilungsleiter Controlling in der VERSICHERUNGS-GmbH. Die Geschäftsleitung möchte die Fuhrparkkosten im Unternehmen senken. Daher wird angestrebt, dass alle Mitarbeiter, die einen Firmenwagen fahren, ab sofort pro privat gefahrenem Kilometer 30 Cent bezahlen sollen. Bisher war die private Nutzung für die Mitarbeiter und Mitarbeiterinnen kostenfrei.

Bei dieser Vorgabe der Geschäftsleitung haben Sie nur einen geringen Verhandlungsspielraum. Die Eigenbeteiligung muss mindestens 24 Cent pro privat gefahrenem Kilometer betragen. Erst 30 Cent wären aber für das Unternehmen kostenneutral.

Bringen Sie Ihren Verhandlungspartner, den Außendienst-Regionalleiter Süd, Herrn Schwarzer, dazu, auf das Angebot der Geschäftsleitung einzugehen. Wenn es Ihnen gelingt, Herrn Schwarzer von der Abrechnung privater Kilometer zu überzeugen, hätte dies eine Signalwirkung. Die anderen Regionalleiter könnten sich einer Kostenbeteiligung dann nicht mehr verschließen. Allerdings ist auch abzusehen, dass sie mit Sicherheit nicht bereit wären, sich zukünftig mehr an den Kosten zu beteiligen als Herr Schwarzer.

Für die Vorbereitung des Gesprächs haben Sie 20 Minuten Zeit. Das anschließende Gespräch sollte nicht länger als 15 Minuten dauern.

**Verhandlungsvorgabe für Herrn Schwarzer**
Sie sind Herr Schwarzer, Außendienst-Regionalleiter Süd in der VERSICHERUNGS-GmbH. Sie haben soeben per E-Mail von Herrn Bunt, dem Abteilungsleiter Controlling, erfahren, dass die Geschäftsleitung die Kosten für die private Nutzung der Dienstwagen auf die Mitarbeiter abwälzen will. Im Gespräch ist eine Abgabe von 30 Cent pro privat gefahrenem Kilometer. Sie halten diesen Vorschlag für kontraproduktiv, da es einen zusätzlichen bürokratischen Aufwand bedeutet, ein Fahrtenbuch zu führen.

Natürlich kennen auch Sie Mitarbeiter, die den Dienstwagen exzessiv für private Fahrten nutzen. Dabei handelt es sich aber nur um einige wenige Außendienstmitarbeiter. Dagegen

→ FORTSETZUNG AUF DER NÄCHSTEN SEITE

ist die Spesenpauschale in Höhe von 15 Euro pro Tag recht großzügig. Hier wären Sie bereit, Abstriche zu machen. Bei der privaten Nutzung des Firmenwagens würden Sie einen Betrag von 20 Cent pro Kilometer akzeptieren, da das Unternehmen ja auch die Betriebsmittel wie Treibstoff, Reifen und Wartung übernimmt. Ihre Mitarbeiter dagegen halten überhaupt nichts von dem Vorschlag der Geschäftsleitung.

Jetzt haben Sie noch 20 Minuten Zeit, bevor Sie den Abteilungsleiter Controlling, Herrn Bunt, treffen. Ihr Gespräch sollte nicht länger als 15 Minuten dauern.

BEISPIEL

## Verhandlungsthema 4: Produktionsverlagerung

Sie sind Herr Winter, Referent für Strategiefragen in der Flugzeugbau International AG. Um auch künftig kostengünstig produzieren zu können, sollen die derzeitigen Produktionsstandorte in Frankreich, Deutschland, Großbritannien und Spanien wieder einmal genau unter die Lupe genommen werden. Was spricht für die Produktion an den jeweiligen Standorten? Was dagegen? Was empfehlen Sie dem Vorstand für die Zukunft?

Um diese Fragen zu klären, haben Sie den Europa-Referenten für Personal, den Briten Herrn Evans, und die Referentin für Grundsatzfragen (Subventionen), die Spanierin Frau Barosa, für ein Meeting zu sich gebeten. Was Frau Barosa und Herr Evans allerdings nicht wissen: Von Ihrem Vorstand haben Sie die Vorgabe, Stimmung für den Standort Deutschland zu machen. Es ist allerdings ein offenes Geheimnis, dass Herr Evans den Standort Großbritannien und Frau Barosa den Standort Spanien bevorzugt.

Lassen Sie Ihre Absichten nicht zu früh erkennen, aber wirken Sie auf Ihre Verhandlungspartner im Sinne des Vorstandes ein.

Sie haben jetzt 45 Minuten Vorbereitungszeit für Ihr Treffen. Dann kommen Frau Barosa und Herr Evans, um mit Ihnen 30 Minuten lang zu diskutieren.

Um Ihnen unsere Strategien für eine erfolgreiche Verhandlungsführung zu veranschaulichen, werden wir Ihnen für das Verhandlungsthema 1 »Rationalisierung« für die Rollenvorgabe der Personalleiterin Frau Anselm zeigen, wie Sie ein Wir-Gefühl erzeugen, starke Argumente formulieren, Einwänden begegnen und das Ergebnis sichern können. Formulieren Sie zunächst Ihren eigenen Gesprächsinput. Vergleichen Sie dann Ihre Beiträge mit unseren gelungenen Beispielen.

## Übung 1: Rationalisierung

ÜBUNG

**Wir-Gefühl erzeugen**

Formulieren Sie zum Thema »Rationalisierung« für Ihren Verhandlungspartner eine Begrüßungssequenz, mit der Sie ein Wir-Gefühl herstellen können.

Ihre Begrüßung:

**Beispielhafte Formulierung für ein Wir-Gefühl:** »Herr Kowalski, ich freue mich auf unsere Zusammenarbeit bei den anstehenden Umstrukturierungen. Wir haben es ja bisher auch immer geschafft, die Vorgaben der Geschäftsleitung in unseren Abteilungen umzusetzen. Und nicht nur das: Zuletzt konnten wir ja sogar mehr erreichen, als eigentlich vorgegeben war. Uns erwarten nun schwierige Aufgaben, doch ich bin mir sicher: Zusammen können wir die Herausforderung stemmen.«

**Argumente für die eigene Position bringen**

Finden Sie jetzt mindestens zwei überzeugende Argumente für Ihre Position.

Ihre Argumente:

→ FORTSETZUNG AUF DER NÄCHSTEN SEITE

**Beispielargumente für die eigene Position:** »Wir werden das Unternehmen künftig mehr als bisher an die Marktgegebenheiten anpassen müssen. Der Wettbewerbsdruck hat stark zugenommen. Durch Einsparungen in der Verwaltung, aber auch in meinem eigenen Personalbereich, konnten wir unsere Marktposition bislang halten. Jetzt sind weitere Anstrengungen gefragt. Diesmal muss der Außendienst einen Beitrag leisten, insbesondere da zunehmend alternative Vertriebskanäle wie das Internet betreut werden müssen.

Durch gezielte Personalentwicklungsmaßnahmen können wir unser Vertriebspotenzial besser als bisher ermitteln. Personalprobleme im Außendienst lassen sich in Zukunft demnach verhindern. Da dann weniger Vertretungen, Einarbeitung und Versetzungen notwendig sind, werden auch bei geringerer Teamstärke Kapazitäten frei, von denen Sie dann profitieren können.«

**Einwänden souverän begegnen**

Lassen Sie sich nicht aus dem Konzept bringen! Überlegen Sie sich auf die folgenden zwei Einwände souveräne Repliken, die das Gespräch zum Thema zurückführen.

Einwand 1: »Personalabbau kann ich nicht akzeptieren, schließlich müssen wir im Vertrieb das Geld für das gesamte Unternehmen hereinholen.«

Ihre Replik:

________________________________________

________________________________________

________________________________________

**Beispielhafte Replik auf Einwand 1:** »Ich weiß um die gute Arbeit, die Sie im Vertrieb für das Unternehmen leisten. Seien Sie sich sicher, dass auch die anderen Abteilungen nach Kräften zur Wertschöpfung im Unternehmen beitragen. Sicherlich stehen Sie an exponierter Stelle, wenn es um die Akquise geht. Deswegen möchte ich ja mit Ihnen zu noch mehr Schlagkraft kommen und dabei gleichzeitig die Personalkosten senken.«

Einwand 2: »Sie im Personalbereich haben ja leicht reden, bei Ihnen kommt es ja nicht darauf an, ergebnisorientiert zu arbeiten.«

Ihre Replik:

______________________________________________

______________________________________________

______________________________________________

**Beispielhafte Replik auf Einwand 2:** »Ich verstehe, dass Sie sich schützend vor Ihre Abteilung stellen. Wir in der Personalabteilung haben schon unseren Teil dazu beigetragen, das Unternehmen neu auszurichten. Mit neuen Auswahlmethoden und gezielteren Personalentwicklungsmaßnahmen werden wir Mitarbeiterpotenziale besser als bisher erfassen können. Auch auf Sie werden neue Arbeitsabläufe zukommen. Lassen Sie uns die Anforderungen gemeinsam angehen, statt uns gegenseitig Vorwürfe zu machen.«

**Tragfähiges Ergebnis festhalten**

Halten Sie fest, wie ein mögliches Ergebnis Ihrer Verhandlung zum Thema Rationalisierung aussehen könnte.

Ihr Ergebnis:

______________________________________________

______________________________________________

______________________________________________

**Beispiel für Ergebnissicherung:** »Ich freue mich über unser Ergebnis. Wir werden Ihre Vertriebsmannschaft stärker als bisher von administrativen Aufgaben entlasten. Dafür werden Sie im Gegenzug einer Verkleinerung der Vertriebsmannschaft zustimmen. So können wir beide unseren Beitrag leisten, um die Wertschöpfung im Unternehmen wieder zu erhöhen.«

ÜBUNG

## Übung 2: Verteilungskämpfe

**Wir-Gefühl erzeugen**
Beginnen Sie die Verhandlung positiv. Stellen Sie zuerst gemeinsame Interessen heraus, um ein Wir-Gefühl zu erzeugen.

Ihre Begrüßung:

______________________________

______________________________

______________________________

**Beispielhafte Formulierung für ein Wir-Gefühl:** »Guten Tag Frau Reis, guten Tag Frau Hopfen, wir haben es geschafft, ein umsatzstarkes Human-Resources-Projekt an Land zu ziehen, in dem wir unsere Stärken ausspielen können. Wenn wir an einem Strang ziehen, werden wir die Luft- und Raumfahrt AG in einer schwierigen Personalsituation hervorragend auf Kurs bringen. Das dürfte uns auch zu Anschlussaufträgen verhelfen. Ich hoffe auf Ihre Kooperationsbereitschaft, um gleich von Anfang an erfolgreich durchstarten zu können.«

**Argumente für die eigene Position bringen**
Um Ihre Interessen ins Spiel zu bringen, brauchen Sie Argumente. Notieren Sie mindestens zwei überzeugende Argumente, mit denen Sie in die Verhandlung gehen können.

Ihre Argumente:

______________________________

______________________________

______________________________

**Beispielargumente für die eigene Position:** »Wir müssen die Personalauswahl in einen internationalen Rahmen stellen, bei dem Fachkräftebedarf der Luft- und Raumfahrt AG müssen wir auch im Ausland akquirieren. Hinzu kommt, dass die Personalauswahl zukünftig mehrsprachig geführt und dokumentiert werden muss. Dazu sind Schulungsmaßnahmen notwendig. Aus beiden genannten Gründen ergibt sich bei knapper Kalkulation ein Etatbedarf für die Personalauswahl in Höhe von knapp 600 000 Euro.«

**Einwänden souverän begegnen**

Bei Verhandlungen gehören Einwände dazu. Zeigen Sie, dass Sie mit Gegenwind umgehen können. Formulieren Sie Ihre Replik auf folgenden Einwand.

Einwand Frau Reis: »Um die besten Leute zu erreichen, brauchen wir vorrangig das Marketing. Personalauswahl und -entwicklung sind daher nachrangig.«

Ihre Replik:

______________________________

______________________________

______________________________

**Beispielhafte Replik auf den Einwand:** »Selbstverständlich werden Sie mit Ihrem Team eine große Rolle spielen, schließlich transportieren Sie im Marketing auch die Außenwirkung des neuen Personalgewinnungskonzeptes. Da Sie in Ihrem Bereich bereits international aufgestellt sind, werden Sie sicherlich keine Schwierigkeiten haben, geeignete Maßnahmen zu entwickeln und umzusetzen. Selbstverständlich werden Sie einen angemessenen Etat bekommen, schließlich wollen wir ja alle, dass das Personalmarketing auch greift.«

**Tragfähiges Ergebnis festhalten**

Fassen Sie zusammen, wie die gemeinsam getroffene Vereinbarung am Ende der Verhandlung aussieht.

Ihr Ergebnis:

______________________________

______________________________

______________________________

**Beispiel für Ergebnissicherung:** »Wir haben hart verhandelt, ich glaube, dass muss auch so sein. Schließlich stehen wir auch hinter der Leistungskraft unserer Bereiche. Ich bin Ihnen

→ FORTSETZUNG AUF DER NÄCHSTEN SEITE

ja entgegengekommen und von meiner Forderung deutlich abgerückt, sodass wir jetzt festhalten können: Für die Optimierung der Personalauswahl stellen wir 550 000 Euro zur Verfügung, das Personalmarketing kann über Mittel in Höhe von 350 000 Euro verfügen, und 400 000 Euro stellen wir für die Personalentwicklung bereit. Wenn wir so geschlossen wie hier an das Projekt herangehen, werden wir mit Sicherheit Erfolge feiern können.«

CHECKLISTE

## Checkliste Verhandlung

- ◯ Ist Ihnen klar, worum es in der Verhandlung geht und aus welcher beruflichen Position heraus Sie argumentieren sollen?
- ◯ Räumen Sie Ihrem Gegenüber im Gespräch genügend Raum ein, damit er oder sie zunächst eigene Vorstellungen äußern kann?
- ◯ Achten Sie darauf, erst einmal gemeinsame Interessen zu betonen, bevor Sie in die eigentliche Verhandlung einsteigen?
- ◯ Haben Sie sich unter Berücksichtigung der Vorgaben einen Verhandlungsspielraum aufgebaut, um flexibel reagieren zu können?
- ◯ Ist Ihre Argumentationsstrategie auf die berufliche Position Ihres Gesprächspartners zugeschnitten? Können Sie beispielsweise technische Argumente, Kosten-Nutzen-Argumente, Statusargumente oder strategische Argumente liefern?

- ◯ Arbeiten Sie mit Fragetechniken, um von Ihrem Gegenüber mehr Informationen geliefert zu bekommen und um Gesprächsblockaden aufzulösen?

- ◯ Gehen Sie auf Einwände Ihres Gegenübers konkret ein?

- ◯ Bleiben Sie bei unverrückbaren Vorgaben Ihres Verhandlungsauftrages hart, in der Sache aber freundlich?

- ◯ Sind Sie darauf vorbereitet, dass Ihr Verhandlungspartner seinen Verhandlungsstil abrupt ändern kann (mal ist er entgegenkommend, dann aggressiv, mal sachlich, dann wieder gelangweilt oder pathetisch)?

- ◯ Sind Sie in der Lage, emotionale Situationen aufzulösen und die Verhandlung zurück auf die Sachebene zu bringen?

- ◯ Können Sie fruchtlose Grabenkämpfe über weniger wichtige Detailfragen diplomatisch beenden?

- ◯ Achten Sie auf einen roten Faden in der Verhandlung, indem Sie immer wieder kurze Zusammenfassungen geben?

- ◯ Arbeiten Sie durchgehend an einer positiven Atmosphäre, indem Sie auf bereits erreichte Zwischenziele verweisen?

- ◯ Sorgen Sie dafür, dass die Ergebnisse der Verhandlung auch in Handlungen umgesetzt werden? Klären Sie entsprechende Verantwortlichkeiten bereits in der Verhandlung?

- ◯ Liefern Sie am Ende eine knappe Zusammenfassung der wesentlichen Ergebnisse?

- ◯ Setzen Sie Ihre Körpersprache bewusst ein? Halten Sie Blickkontakt mit Ihrem Gegenüber? Registrieren Sie Blockadegesten? Und vermeiden Sie eine Körpersprache, die Kampf und Angriff signalisiert?

# Vortrag: Präsentieren Sie souverän

**Vorträge gehören mit zu den Standardübungen im Assessment-Center. Sie werden Ihnen in unterschiedlichen Zusammenhängen begegnen: Es gibt die klassischen Vorträge, bei denen Sie in einer vorgegebenen Zeit über ein bestimmtes Thema referieren müssen. Daneben gibt es Ergebnispräsentationen im Anschluss an Fallstudien, Gruppendiskussionen und Verhandlungen. In diesen Fällen gilt es, die Ergebnisse aus der jeweiligen Übung, aber auch den Weg dorthin, vorzustellen. Wir beobachten, dass sich immer häufiger an beide Vortragsarten eine Fragerunde anschließt.**

## Warum wird diese Übung eingesetzt?

*Zeigen Sie Stressresistenz*

Die Vortragssituation ist für Kandidatinnen und Kandidaten Stress pur. Sie stehen allein auf einer Art Bühne, und alles, was sie tun, wird von der Beobachterrunde bis ins kleinste Detail wahrgenommen und bewertet. Auch in der AC-Übung »Vortrag« ist die Nähe zum Berufsalltag ganz klar gegeben. Sowohl Führungskräfte als auch Fachkräfte müssen heute viel mehr als früher vor Gruppen Rede und Antwort stehen. Dies gilt sowohl im Hinblick auf Außenkontakte, beispielsweise mit Kunden oder zu den Medien, als auch intern, wenn es beispielsweise darum geht, Mitarbeiter von Veränderungen zu überzeugen.

Ein weiterer Grund für die Beliebtheit von Vorträgen bei ACs ist die Unmittelbarkeit, mit der hier die Körpersprache der Kandidaten ins Auge fällt. Wie gehen sie mit dieser Stresssituation um? Bekommen sie womöglich einen Blackout? Und wie reagieren sie auf kritische Nachfragen?

## Worauf achten die Beobachter?

*Kompetente und souveräne Ausstrahlung*

Natürlich achten die Beobachter darauf, ob Sie es schaffen, den Kern des Themas in Ihrem Vortrag herauszuarbeiten, und ob Sie die richtigen Argumente bringen. Viel wichtiger ist aber Ihre Ausstrahlung. Wirken Sie selbstsicher? Können Sie andere mitreißen? Schaffen Sie es, ein trockenes Thema für die Zuhörer lebendig zu gestalten?

Nicht weniger entscheidend ist Ihre Reaktion auf Nachfragen. Können Sie bei kontroversen Themen diplomatisch bleiben? Bauen Sie Brücken zu den Zuhörern und sind Sie bereit, Anmerkungen von anderen aufzunehmen? Wer sich hier patzig verhält, wird mit Sicherheit nicht die von den Beobachtern gewünschte Konfliktfähigkeit zugesprochen bekommen.

*Nutzen Sie Projektor, Flipchart und Co.*

Ferner achten die Beobachter auf einen sicheren Umgang mit den zur Verfügung gestellten Medien. Auch wenn es heute selbstverständlich ist, dass Vortragende ihre Ausführungen mit Visualisierungen untermauern, gilt dies keineswegs für das AC. Im Gegenteil: Da hier, anders als im Berufsalltag, meist nicht auf Powerpoint-Präsentationen zurückgegriffen werden kann, ist nämlich handwerkliches Geschick im Umgang mit Overheadfolien, der Flipchart und dem Metaplan gefragt.

### Typische Fehler

Das Fehlen vorgefertigter Powerpoint-Präsentationen bringt AC-Kandidaten immer wieder in arge Bedrängnis. Viel zu selten setzen sie die zur Verfügung stehenden Medien ein oder verknüpfen sie sogar miteinander.

Ein weiteres Manko besteht darin, dass Kandidaten sich häufig auf Detailinformationen zurückziehen. Wer mit breit ausgewalzten Einzelheiten langweilt, wirkt weder persönlich überzeugend noch analytisch stark, da so der für die Zuhörer wichtige rote Faden verloren geht.

*Achten Sie auf Ihre Körpersprache*

Schwerwiegende Fehler werden auch bei der Körpersprache gemacht. Kandidaten, die sich hilflos hinter Pulten, Tischen oder Overheadprojektoren verstecken, wirken nur wenig belastbar. Gesten wie der ständige Griff zum Schmuck oder das Herumnesteln an der Kleidung signalisieren den Beobachtern ihre Unsicherheit, und man denkt, sie seien mit der Situation überfordert. Wer dann noch bei Nachfragen zurückweicht, keinen Blickkontakt zum Fragenden hält und unsicher mit Stift oder Papier herumspielt, wirkt hilflos.

Auch das Zeitmanagement ist bei den Kandidaten meistens ein Problem. Sie über- oder unterschreiten feste Zeitvorgaben immer wieder deutlich. Dabei legen die Beobachter ganz besonderen Wert auf eine gute Zeiteinteilung. Wenn das Zeitmanagement schlecht ist, fehlt häufig auch eine motivierende Zusammenfassung des Gesagten oder eine klare Handlungsaufforderung. Das erinnert die Beobachter dann an ausufernde Konferenzen ohne Ergebnis, und schon vergeben sie eine schlechte Bewertung.

### Sinnvolle Strategien

*Strukturieren Sie Ihren Vortrag*

Beim Vortrag werden die entscheidenden Weichen bereits während der Vorbereitungszeit gestellt. Ohne eine klare Gliederung und ohne Überlegungen zum sinnvollen Medieneinsatz lassen sich Präsentationen nur schlecht bewältigen. Fangen Sie mit einem Brainstorming zum Vortragsthema an. Strukturieren Sie dann die Informationen, Fakten und Argumente. Für Ihre Zeitplanung können Sie sich an die grobe Regel halten, dass Sie für die Besprechung einer von Ihnen erstellten Overheadfolie oder einer Skizze an der Flipchart etwa zwei Minuten benötigen. Bereiten Sie Ihren Medieneinsatz entsprechend vor.

Da Ihre Nervosität am Anfang besonders groß sein wird, sollten Sie Ihre Einstiegssätze vorformulieren. Wiederholen Sie beispielsweise das Thema mit Ihren Worten und geben Sie einen Ausblick auf Ihr weiteres Vorgehen. Damit Sie die Zeit im Blick behalten, sollten Sie sich die Uhrzeit, zu der Sie Ihren Vortrag beenden müssen, groß und deutlich auf Ihrem Vortragsskript notieren.

*Liefern Sie Beispiele*

Stellen Sie in Ihrem Vortrag Kernargumente heraus und liefern Sie Beispiele, um das Gesagte mit Leben zu füllen. Flankieren Sie Ihre Aussagen mit gezieltem Medieneinsatz. Benutzen Sie aktive und zupackende Formulierungen, um Ihre Macherqualitäten herauszustellen. Sie werden bei den Beobachtern besonders dann einen guten Eindruck hinterlassen, wenn Sie Ihren Vortrag mit einer Handlungsaufforderung beenden und zur vorgegebenen Zeit fertig werden.

**Typische Aufgabenstellungen für Vorträge**

### Vortragsthema 1: Kundenorientierung und Vertriebsstärke

BEISPIEL

Die Versicherungs-AG muss sich heute einem immer größeren Wettbewerb stellen. Daher hat der Vorstand Sie aufgefordert, eine Präsentation zum Thema Kundenorientierung zu halten. Wie können die Prozesse besser als bisher auf die Wünsche der Kunden ausgerichtet werden? Wie lassen sich die Stärken der Versicherungs-AG noch optimaler vermitteln?

Zur Vorbereitung Ihres Konzeptes stehen Ihnen 30 Minuten zur Verfügung. Die anschließende Präsentation dauert 10 Minuten. Daran schließt sich eine 5-minütige Fragerunde an. Stellen Sie sich auf kritische Nachfragen des Vorstands ein!

### Vortragsthema 2: Wertschöpfung steigern

BEISPIEL

Der Wettbewerb auf dem Bankensektor ist härter geworden. Ausländische Banken drängen auf den deutschen Markt. Im Vergleich zu den europäischen Mitbewerbern sind die Renditen der deutschen Institute zu gering.

Erarbeiten Sie Vorschläge, um die Wertschöpfung bei der Bank AG zu steigern.

Sie haben 40 Minuten Vorbereitungszeit für Ihr Konzept. Danach werden Sie 15 Minuten lang Ihre Ideen präsentieren.

### Vortragsthema 3: Motivation des Außendienstes

BEISPIEL

Sie sind Herr Odert, Regionalleiter bei der Pharma AG. Der Umsatz hat sich im letzten Geschäftsjahr in den Bereichen Generika und Diabetes nicht so entwickelt wie gewünscht.

→ FORTSETZUNG AUF DER NÄCHSTEN SEITE

Entwerfen Sie eine Strategie, mit der sich der Außendienst motivieren lässt, wieder bessere Abschlusszahlen vorzulegen.

Zur Ausarbeitung Ihrer Präsentation haben Sie 45 Minuten Zeit. Anschließend stellen Sie Ihr Konzept vor. Dafür haben Sie 12 Minuten. Stellen Sie sich auf Nachfragen Ihrer Zuhörer ein.

BEISPIEL

### Vortragsthema 4: Künftige Chancen

Skizzieren Sie bitte die Entwicklung der letzten zwei Jahre bei Ihrem momentanen Arbeitsgeber, der Unternehmensberatung STRATEGIE & Partner. Bewerten Sie das Geleistete und stellen Sie die Ihrer Meinung nach für die nächsten fünf Jahre relevanten Strategien für weiterhin überdurchschnittliches Wachstum vor.

Ihre Vorbereitungszeit beträgt 20 Minuten. Die Präsentation sollte 30 Minuten dauern.

BEISPIEL

### Vortragsthema 5: Datenschutzgrundsätze

Die Datenschutzgrundsätze der Telefon & Internet AG sollen überarbeitet werden. Die Geschäftsführung hat Sie gebeten, Leitlinien zu entwerfen, die den aktuellen rechtlichen Standards entsprechen, aber trotzdem weitestgehende Möglichkeiten im Customer-Relations-Management eröffnen.

Sie haben 35 Minuten Vorbereitungszeit, um die wesentlichen Eckpfeiler zu skizzieren, Problemfelder aufzuzeigen und Handlungsoptionen darzulegen. Referieren Sie Ihr Konzept anschließend, Sie haben dafür 15 Minuten Zeit.

### Vortragsthema 6: Mitarbeiterpotenziale

BEISPIEL

Sie sind Frau Janukowsky, Personalreferentin der Automotive GmbH, einem Zulieferer von elektronischen Systemen für die Automobilhersteller. Machen Sie sich bitte Gedanken darüber, wie sich die Potenziale von Mitarbeitern im Unternehmen besser entfalten lassen. Welche Maßnahmen im Personalbereich halten Sie für sinnvoll? Welche Schulungsthemen sollten in den Vordergrund gerückt werden?

Sie haben noch 20 Minuten Zeit, um Ihren Vortrag vorzubereiten. Ihre Präsentation sollte 12 Minuten nicht überschreiten, aber auch nicht unterschreiten.

### Vortragsthema 7: Kostensenkung im Einkauf

BEISPIEL

Sie sind Herr Eberhardt, Mitglied des internationalen Beschaffungsteams im Einzelhandelskonzern Billig. Was kann die Billig GmbH tun, um im Einkauf die Kosten zu senken? Entwickeln Sie ein strategisches Konzept für die Geschäftsleitung.

Sie haben 7 Minuten Vorbereitungszeit, um in einem anschließenden Vortrag von 7 Minuten Dauer Ihr Konzept vorzustellen.

Damit sich bei Ihnen der gewünschte Trainingseffekt für Ihren Vortrag im Assessment-Center einstellt, werden wir Ihnen exemplarisch anhand des ersten Vortragsthemas »Kundenorientierung und Vertriebsstärke« zeigen, wie Sie vorgehen können. Machen Sie mit uns ein Brainstorming zum Thema und entwickeln Sie ein Medienkonzept. Finden Sie den richtigen Einstieg, formulieren Sie Kernargumente und entwerfen Sie dann eine Handlungsaufforderung für den Schluss Ihres Vortrages. Zuletzt geht es um eine diplomatische Reaktion auf kritische Nachfragen vonseiten der Beobachter.

Damit Sie einen Leitfaden für die Entwicklung Ihrer eigenen Ideen haben, stellen wir Ihnen im Anschluss an Ihre Übungsteile gelungene Formulierungen vor. So können Sie Ihren Einstieg, Ihre Kernargumente, Ihre Handlungsaufforderung und Ihre diplomatischen Reaktionen optimieren.

### Brainstorming skizzieren

Für das Vortragsthema 1: »Kundenorientierung und Vertriebsstärke« könnte ein Brainstorming folgendermaßen aussehen:

Brainstorming: Kundenorientierung und Vertriebsstärke

Zielgruppen differenzieren
Bestandskunden betreuen
Akquisition ausweiten
Vertrieb als Marktinstrument nutzen
alternative Vertriebskanäle prüfen
Corporate Identity überprüfen
Cross-Selling entwickeln
Full Service entwickeln
Best-Practice-Angebote herausstellen
Mitbewerber durchleuchten
Marktforschung nutzen
Mitarbeiter kommunikativ schulen
interne Kommunikation verbessern
Vertrieb von Verwaltungsaufgaben entlasten (Kernkompetenz stärken)
Eventmarketing sowie Sponsoring überprüfen und vielleicht ausbauen

### Medienkonzept entwickeln

Ausgehend vom Brainstorming zum Thema »Kundenorientierung und Vertriebsstärke« könnte eine Vortragsgliederung für den Overheadprojektor oder gegebenenfalls für die PowerPoint-Präsentation so aussehen:

Kundenorientierung und Vertriebsstärke

I. Marktsituation
II. Interne Prozesse
III. Externe Kommunikation
IV. Ausgewählte Zielgruppen
V. Maßnahmenkatalog
VI. Zusammenfassung und Ausblick

Vortragsgliederung

Die einzelnen Punkte der Gliederung sollten weiter aufgeschlüsselt werden. Es ist sinnvoll, für jeden der sechs Gliederungspunkte jeweils eine eigene Folie zu erstellen. Für die Punkte »Marktsituation« und »Interne Prozesse« könnten diese beispielsweise so aussehen:

I. Marktsituation

Wettbewerber
Produktportfolio
ausgewählte Märkte
Markttrends
Wachstumschancen

II. Interne Prozesse

Bestandsaufnahme
Ausrichtung auf den Kunden im Markt
Ausrichtung auf den Kunden im Unternehmen
Bereichsübergreifende Abstimmung
Neu: Produktmarketingteams

Wenn in Ihrem Vortragsraum neben dem Overheadprojektor beziehungsweise dem Laptop mit Beamer eine Flipchart oder ein Whiteboard vorhanden sind, sollten Sie sich zusätzlich eine Skizze für diese Medien überlegen. Dieses Vorgehen macht Ihren Vortrag lebendig, und etwas Aktion zu sehen wird den Zuhörern gefallen. Eine Skizze zum Thema könnte für die Flipchart so gestaltet werden:

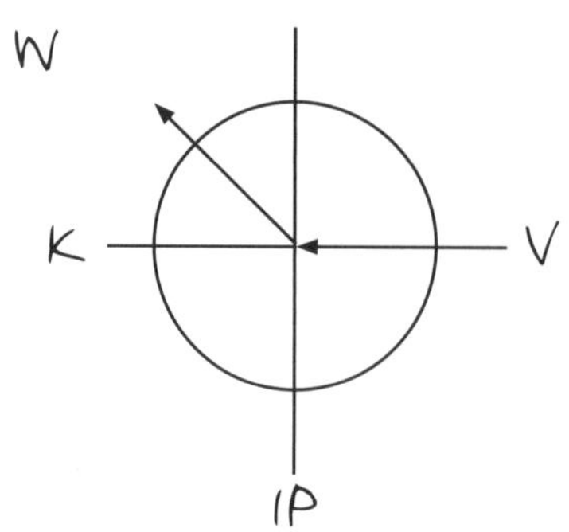


*K = Kunde*
*V = Vertrieb*
*IP = Interne Prozesse*
*W = Wettbewerbe*

Diese Skizze können Sie dann folgendermaßen erklären: »Wir müssen interne Prozesse für Kundenwünsche und Rückmeldungen aus dem Vertrieb sensibilisieren. Nur so können wir flexibel und erfolgreich auf sich verändernde Märkte reagieren und Abwanderungen der Kunden zum Wettbewerber verhindern.«

ÜBUNG

## Übung 1: Kundenorientierung und Vertriebsstärke

**Den richtigen Einstieg finden**

Formulieren Sie nun Ihre ersten drei Sätze zum Vortragsthema »Kundenorientierung und Vertriebsstärke« aus.

Ihr Einstieg:

**Beispiel für einen gelungenen Einstieg:** »Meine Damen und Herren (Blickkontakt ins Publikum!), in den nächsten zehn Minuten möchte ich Ihnen vorstellen, wie wir durch bessere Kundenorientierung zu mehr Vertriebsstärke kommen. Dazu werde ich zunächst die Marktsituation beleuchten, um Ihnen dann Maßnahmen für die Optimierung interner Prozesse und eine verbesserte Kundenansprache vorzustellen. Für ausgewählte Zielgruppen möchte ich dann in einem weiteren Schritt konkrete Maßnahmenkataloge vorschlagen.«

**Kernargumente formulieren**

Anschließend sind Ihre Kernargumente gefragt. Entwerfen Sie zupackende Formulierungen.

Ihre Kernargumente:

**Beispiele für packende Kernargumente:** »Wir befinden uns in einer Marktsituation, die durch hohen Wettbewerbsdruck gekennzeichnet ist. Diesem Druck werden wir nur dann standhalten können, wenn wir den Trend zu Fullservice-Angeboten aufgreifen.

Ein wesentlicher Bestandteil einer verbesserten Kundenorientierung ist meiner Meinung nach die Einrichtung von bereichsübergreifenden Produkt-Marketing-Teams. Diese Opti-

→ FORTSETZUNG AUF DER NÄCHSTEN SEITE

mierung interner Prozesse hat sich in anderen Branchen bereits als Erfolgsmodell herausgestellt. Auch wir sollten Marktforschung, Produktentwicklung, Service und Vertrieb besser miteinander verzahnen als bisher.«

**Handlungsaufforderung geben**
Überlegen Sie sich auch, mit welcher Handlungsaufforderung Sie Ihren Vortrag beenden wollen.

Ihre Handlungsaufforderung:

________________________________________

________________________________________

________________________________________

**Beispiel für eine Handlungsaufforderung:** »Wenn wir eine bessere Abstimmung der einzelnen Unternehmensbereiche erreichen, werden wir unsere gute Marktstellung nicht nur halten, sondern sogar noch ausbauen können. Lassen Sie uns die Kundenorientierung noch mehr als bisher in den Vordergrund stellen!«

**Diplomatisch reagieren**
Auch den Umgang mit kritischen Nachfragen sollten Sie schon im Vorfeld üben. Wie reagieren Sie auf diese zwei Nachfragen?

Nachfrage 1: »Ihr Vortrag hat mich nicht überzeugt. Was war jetzt das wirklich Neue?«

Ihre diplomatische Antwort:

________________________________________

________________________________________

________________________________________

**Beispiel für eine diplomatische Antwort 1:** »Ich freue mich, dass Kundenorientierung für Sie bereits im Mittelpunkt steht. Von dieser Ansicht möchte ich verstärkt auch die Mitarbeiter in den anderen Unternehmensbereichen überzeugen. Produkt-Marketing-Teams sind dabei sicherlich ein wesentliches Instrument und so bisher noch nicht etabliert.«

Nachfrage 2: »Stehen Sie wirklich hinter Ihren Ausführungen? Oder entscheiden nicht doch vorrangig die Konditionen über einen Vertragsabschluss?«

Ihre diplomatische Antwort:

______________________________________________

______________________________________________

______________________________________________

**Beispiel für eine diplomatische Antwort 2:** »Sicherlich müssen wir bei unseren Konditionen wettbewerbsfähig sein. Der Kunde erwartet von uns jedoch mehr als nur einen guten Preis. Ich glaube, der Erfolg liegt in der Koppelung von verbesserter Kundenorientierung und einem attraktiven Preis, der sicherlich bei der Neukundengewinnung eine große Rolle spielt.«

## Übung 2: Wertschöpfung steigern

ÜBUNG

**Den richtigen Einstieg finden**
Arbeiten Sie den Einstieg in den Vortrag »Wertschöpfung steigern« aus.

Ihr Einstieg:

______________________________________________

______________________________________________

______________________________________________

**Beispiel für einen gelungenen Einstieg:** »Meine Damen und Herren (Blickkontakt ins Publikum!), ich möchte die nächsten 15 Minuten nutzen, um Ihnen darzulegen, wie sich Renditesteigerungen auch im harten Wettbewerb erzielen lassen. Zunächst werde ich einen Einblick in die Wettbewerbssituation geben. Anschließend stelle ich Ihnen ausgewählte Vorgehensweisen von Mitbewerber vor, damit wir uns an diesen »Best Practise«-Ansätzen orientieren können. Schließlich werde ich

→ FORTSETZUNG AUF DER NÄCHSTEN SEITE

diese Ansätze auf die aktuelle Situation bei der Bank AG übertragen und Handlungsmöglichkeiten aufzeigen.«

**Kernargumente formulieren**
Wie lauten Ihre Kernargumente? Womit wollen Sie Ihre Zuhörer überzeugen?

Ihre Kernargumente:

________________________________________

________________________________________

________________________________________

**Beispiele für packende Kernargumente:** »Wir kommen um Anstrengungen im Bereich der Wertschöpfung nicht herum. Wenn wir es nicht schaffen, die Renditeerwartungen unserer Aktionäre zu erfüllen, schwächen wir vorsätzlich unsere bislang gute Marktsituation.«

»Wir können uns bei der Zielerreichung auf engagierte und kompetente Mitarbeiter stützen. Wesentlich wird es für uns sein, die Prozesse besser als bisher auf den Markt auszurichten, sodass die Schlagkraft unserer Mitarbeiter auch zum Tragen kommt.«

**Handlungsaufforderung geben**
Formulieren Sie eine konkrete Handlungsaufforderung für den Abschluss Ihres Vortrages.

Ihre Handlungsaufforderung:

________________________________________

________________________________________

________________________________________

**Beispielhafte Handlungsaufforderung:** »Change Management ist nicht nur ein Schlagwort. Wir müssen gemeinsam daran arbeiten, dass in allen Bereichen der Bank AG der Wertschöpfungsgedanke stärker als bisher greift. Einige Möglichkeiten, die ich für vielversprechend halte, habe ich Ihnen vorgestellt. Lassen Sie uns das unternehmerische Denken stärker als bisher in den Köpfen unserer Mitarbeiter verankern.«

**Diplomatisch reagieren**
Wie reagieren Sie auf diese kritische Nachfrage?

Nachfrage: Ihr Konzept ist viel zu abgehoben, wie wollen Sie das jemals umsetzen?

Ihre diplomatische Antwort:

________________________________________

________________________________________

________________________________________

**Beispielhafte diplomatische Antwort:** »Schade, dass ich Ihnen das Potenzial der von mir vorgestellten Verbesserungsmöglichkeiten noch nicht habe deutlich machen können. Welchen Punkt möchten Sie näher von mir erläutert haben?«

## Checkliste Vortrag

CHECKLISTE

- ◯ Haben Sie für Ihr Vortragsthema zunächst ein Brainstorming durchgeführt?
- ◯ Ist Ihr Vortragsskript stichwortartig ausgebaut?
- ◯ Haben Sie den Einstiegssatz und den Schlusssatz vollständig ausformuliert?
- ◯ Liefern Sie Ihren Zuhörern zur Orientierung eine Vortragsgliederung?
- ◯ Ist in Ihrem Vortrag sowohl eine Analyse der Ist-Situation als auch ein Ausblick auf die Soll-Situation enthalten?
- ◯ Schlagen Sie konkrete Maßnahmen vor, wie die Soll-Situation erreicht werden kann?

→ FORTSETZUNG AUF DER NÄCHSTEN SEITE

- ◯ Werden Ihre Fachkompetenz und Branchenerfahrung an passender Stelle deutlich?
- ◯ Verdeutlichen Sie, welchen konkreten Nutzen Ihre Zuhörer beziehungsweise das Unternehmen aus Ihren Ausführungen ziehen können?
- ◯ Achten Sie darauf, nicht nur für ein Fachpublikum, sondern allgemeinverständlich zu referieren?
- ◯ Enthält Ihr Vortrag plausible Beispiele, die abstrakte Aussagen untermauern?
- ◯ Setzen Sie die zur Verfügung stehenden Medien ein?
- ◯ Ist die Endzeit für Ihren Vortrag groß und deutlich in Ihren Unterlagen vermerkt?
- ◯ Liefern Sie am Ende eine Zusammenfassung mit kurzer Wiederholung der wesentlichen Argumentationslinien?
- ◯ Sind Sie auf kritische Nachfragen vorbereitet?
- ◯ Bleiben Sie auch bei persönlichen Angriffen (Stressfragen) gelassen und finden den Weg zurück zum Thema?
- ◯ Stehen Sie während des Vortrags frei auf der Bühne?
- ◯ Vermeiden Sie Unsicherheits- und Verlegenheitsgesten?
- ◯ Richten Sie Ihren Blick ins Publikum?

# Fallstudie und Business-Case: Finden Sie die Kernaussagen

**Fallstudien und Business-Cases werden besonders gerne dann in Assessment-Center eingesetzt, wenn Kandidatinnen und Kandidaten für internationale Managementaufgaben gesucht werden. Hierbei ist eine Vielzahl von Informationen und Daten zu sichten. Anschließend sollen sie unternehmerische Entscheidungen begründet darlegen. Der Umfang reicht dabei von ein- bis zweiseitigen Problemdarstellungen bis hin zu 20-seitigen Unternehmens- und Marktanalysen.**

**Manchmal bilden Fallstudien und Business-Cases die Grundlage für weitere Übungen, beispielsweise können die Analyseergebnisse Thema für eine Gruppendiskussion, eine Präsentation oder auch ein Mitarbeitergespräch sein.**

## Warum wird diese Übung eingesetzt?

*Analytisch und unternehmerisch denken*

Diese Übung wird eingesetzt, um das analytische Vermögen, das unternehmerische Denken und die Entscheidungskompetenz der Teilnehmer zu überprüfen. Können Sie die richtigen Schlüsse aus Unternehmensszenarien ziehen? Sind Sie in der Lage, auch in einem knappen Zeitrahmen zu tragfähigen Entscheidungen zu kommen? Wie ist Ihr Zeitmanagement: Können Sie neben der Analyse auch zu einem schlüssigen Ergebnis kommen?

Je anspruchsvoller die zu besetzende Position ist, desto komplexer werden die Aufgabenstellungen sein. Zum Teil fragen Unternehmen dann auch spezielle Kenntnisse aus dem künftigen Arbeitsfeld ab, beispielsweise überprüfen sie, ob die Kandidaten Businesspläne erstellen, Marktforschungsdaten auswerten oder Bilanzen interpretieren können.

## Worauf achten die Beobachter?

Bei einer Fallstudie oder einem Business-Case mit schriftlicher Ergebnisfixierung bewerten die Beobachter, ob Sie die richtigen Kernaussagen erkannt, Zusammenhänge berücksichtigt und nachvollziehbare Entscheidungen getroffen haben. In erster Linie kommt es also auf das Ergebnis an. Fallstudien und Business-Cases dieser Art haben den Charakter einer Arbeitsprobe. Die Beobachter erwarten eine schlüssige Entscheidungsvorlage.

*Können Sie überzeugen und motivieren?*

Folgt danach eine Ergebnispräsentation, dann berücksichtigen die Beobachter auch kommunikative Aspekte, insbesondere Ihre Überzeugungskraft und Ihre Fähigkeit, die Zuhörer zu notwendigen, oft auch unangenehmen Veränderungen zu motivieren. Auf eine ansprechende Visualisierung der Ergebnisse wird ebenfalls großer Wert gelegt. Sollte sich an die Präsentation eine Fragerunde anschließen, dann müssen die Teilnehmer beweisen, dass sie argumentationsstark und kritikfähig sind.

### Typische Fehler

Das Zeitmanagement stellt viele Kandidaten bei dieser Übung vor große Probleme. Immer wieder ist zu beobachten, dass sie viel zu viel Zeit mit einer detaillierten Auswertung verbringen, sodass sie am Ende die zu treffende Entscheidung nicht mehr fundiert darlegen können. Ferner sollten sie sich nicht zu schnell auf eine Sichtweise festlegen. Alternativen geraten dann vorschnell aus dem Blickfeld, und die Fakten werden einseitig interpretiert.

Bei der schriftlichen Ergebnisfixierung ist immer wieder zu beobachten, dass Kandidatinnen und Kandidaten auf die gestellten Fragen nur unzureichend eingehen. Wer einfach das Zahlenmaterial wiederholt, ohne daraus Schlüsse zu ziehen, lässt Zweifel an seiner unternehmerischen Kompetenz aufkommen. Bei Präsentationen fällt es den Beobachtern besonders unangenehm auf, wenn Teilnehmer auf die einzelnen Overheadfolien nicht weiter eingehen. Wer keine klare Linie bei seiner Entscheidungsfindung deutlich machen kann, fällt bei den Beobachtern durch.

### Sinnvolle Strategien

Um Fehler im Zeitmanagement zu vermeiden, sollten Sie nach folgendem Schema vorgehen:

- **Unterlagen sichten,**
- **Kernaussagen notieren,**
- **Zusammenhänge erkennen,**
- **Lösungsskizze entwerfen,**
- **schriftliche Fixierung der Auswertung.**

*Fragen haben Vorrang*

Reservieren Sie auf jeden Fall genug Zeit, um Ihre Ergebnisse festzuhalten. Falls Sie diese im Anschluss vortragen sollen, müssen Sie zusätzlich Zeit einplanen, in der Sie die Overheadfolien und Flipchartskizzen anfertigen. Gehen Sie bei Ihrer Auswertung immer zuerst auf die Ihnen gestellten Fragen ein. Die Beantwortung dieser Fragen hat Vorrang vor weiteren Detailauswertungen.

*Chancen-Risiken-Abwägung*

Bei komplexen Fallstudien und Business-Cases sollten Sie auch Entscheidungsalternativen beleuchten. Mit einer Chancen-Risiken-Abwägung können Sie dann die von Ihnen bevorzugte Vorgehensweise herausarbeiten.

Da sich oft nicht alle Entscheidungen ausschließlich aus dem vorliegenden Material treffen lassen, sollten Kandidaten auch auf ihr Branchen- und Fachwissen zurückgreifen. Lassen Sie Ihr Insiderwissen aufblitzen, indem Sie gezielt auch auf Branchentrends, Best-Practice-Ansätze und Marktgegebenheiten eingehen.

Machen Sie sich jetzt mit der AC-Übung »Fallstudie/Business-Case« vertraut. Bearbeiten Sie die folgende Fallstudie, um das von uns vorgestellte Bearbeitungsschema kennen zu lernen.

## Fallstudie mit typischen Aufgabenstellungen

ÜBUNG

Die folgende Fallstudie enthält verschiedene Arbeitsblätter, die Informationen über die COSMETICS WORLDWIDE AG enthalten. Die COSMETICS WORLDWIDE AG agiert weltweit und hat in den zurückliegenden Jahren in den einzelnen Regionen eine unterschiedlich verlaufende wirtschaftliche Entwicklung genommen.

Analysieren Sie die vorliegenden Informationen und werten Sie sie aus. Entwickeln Sie dann ein präsentationsfähiges Konzept, das auf folgende Fragen eingeht:

- **Wo liegen Ihrer Meinung nach die interessantesten Wachstumsmärkte?**
- **Wie lässt sich die Markt- und Technologieführerschaft auch künftig sicherstellen und ausbauen?**
- **Welche zusätzlichen Geschäftsaktivitäten erscheinen Ihnen sinnvoll?**

Für die Analyse der Arbeitsblätter und die Erarbeitung eines präsentationsfähigen Konzeptes haben Sie 60 Minuten Zeit.

**Fallstudie Material 1: Pressemitteilung der COSMETICS WORLDWIDE AG**

Luxemburg, 8. Februar 2011: Die COSMETICS WORLDWIDE AG hat zum 20. Mal den Preis für Innovation verliehen
Innovative Produkte und Dienstleistungen haben schon seit jeher zum Markterfolg der COSMETICS WORLDWIDE AG beigetragen. Daher wird seit 20 Jahren der Preis für Innovation an kreative Forscher, einfallsreiche Entwickler, Marketingspezialisten oder Vertriebsprofis verliehen, die nachweislich dazu beigetragen haben, die Markt- und Technologieführerschaft der COSMETICS WORLDWIDE AG zu sichern und auszubauen. Verliehen wurde der Preis an drei Teams, die mit ihren unterschiedlichen Produkten beziehungsweise Dienstleistungen auch für die Angebotsvielfalt der COSMETICS WORLDWIDE AG stehen. Mit dem Preis für Innovation ausgezeichnet wurden:

- **Body PUR, eine komplette Pflegeserie für den Mann, Hautpflege von Kopf bis Fuß**
- **Hair GLOSS, eine Tönungsserie für Teenager**
- **AkuPRESS, ein Angebot zur lokalen Akupressur an Flughäfen und in Einkaufszentren**

John Smith, CEO der COSMETICS WORLDWIDE AG, stellte fest: »Der internationale Erfolg der COSMETICS WORLDWIDE AG beruhte schon immer darauf, dass wir Kunden mit zukunftsweisenden Produkten und Dienstleistungen begeistern und auf diese Weise neue Märkte erschließen konnten.«

**Fallstudie Material 2: Umsätze und Mitarbeiter der COSMETICS WORLDWIDE AG**

Umsätze und Mitarbeiter in Westeuropa

| Jahr | Umsatz | Mitarbeiter |
|---|---|---|
| **2006** | 5 234 Millionen Euro | 16 100 |
| **2007** | 4 655 Millionen Euro | 13 200 |
| **2008** | 5 023 Millionen Euro | 13 400 |
| **2009** | 5 734 Millionen Euro | 14 300 |
| **2010** | 6 123 Millionen Euro | 15 400 |

Umsätze und Mitarbeiter in Osteuropa (einschließlich Russland)

| Jahr | Umsatz | Mitarbeiter |
|---|---|---|
| **2006** | 1 674 Millionen EUR | 4 200 |
| **2007** | 1 945 Millionen Euro | 4 400 |
| **2008** | 2 325 Millionen Euro | 4 800 |
| **2009** | 2 404 Millionen Euro | 5 100 |
| **2010** | 2 823 Millionen Euro | 5 300 |

Umsätze und Mitarbeiter in Asien

| Jahr | Umsatz | Mitarbeiter |
|---|---|---|
| **2006** | 1 900 Millionen Euro | 3 700 |
| **2007** | 2 287Millionen Euro | 4 100 |
| **2008** | 2 827 Millionen Euro | 4 900 |
| **2009** | 2 912 Millionen Euro | 5 200 |
| **2010** | 3 227 Millionen Euro | 5 400 |

Umsätze und Mitarbeiter in Lateinamerika

| Jahr | Umsatz | Mitarbeiter |
|---|---|---|
| **2006** | 1 455 Millionen Euro | 2 700 |
| **2007** | 1 648 Millionen Euro | 2 900 |

→ FORTSETZUNG AUF DER NÄCHSTEN SEITE

| | | |
|---|---|---|
| **2008** | 1 325 Millionen Euro | 3 100 |
| **2009** | 1 208 Millionen Euro | 2 200 |
| **2010** | 1 578 Millionen Euro | 2 400 |

### Fallstudie Material 3: Kennzahlen aus der Bilanz 2010 der COSMETICS WORLDWIDE AG

| | 2009 | 2010 | +/– |
|---|---|---|---|
| **Umsatz** | 12 258 Millionen Euro | 13 751 Millionen Euro | 12,18 % |
| **Betriebliches Ergebnis/EBIT** | 1 563 Millionen Euro | 1 723 Millionen Euro | 10,24 % |
| **Umsatzrendite/ EBIT** | 12,75 | 12,53 | –0,22 pp |
| **Ergebnis je Aktie** | 3,21 Euro | 3,15 Euro | –1,87 % |
| **Investitionen in Produktions-anlagen** | 424 Millionen Euro | 461 Millionen Euro | 8,73 % |
| **Forschungs- und Entwicklungs-kosten** | 361 Millionen Euro | 301 Millionen Euro | –16,62 % |
| **Dividende je Aktie** | 1,21 Euro | 1,30 Euro | 7,45 % |

**Fallstudie Material 4: Unternehmensphilosophie der COSMETICS WORLDWIDE AG**

**Unsere Produkte und Dienstleistungen** werden weltweit nachgefragt: zur Pflege und zum Wohlfühlen. Alle, die unsere Produkte und Dienstleistungen kaufen, haben einen Anspruch auf unser hohes Qualitätsniveau und auf angemessene Preise. Mit unseren Angeboten möchten wir die Lebensqualität und das Wohlbefinden unserer Kundinnen und Kunden langfristig steigern. Es ist unsere Aufgabe, auf die sich immer schneller ändernden Kundenbedürfnisse und -gewohnheiten mit passenden Angeboten zu reagieren.

**Unsere Mitarbeiter** sind in mehr als 130 Ländern weltweit für uns tätig. Bei uns werden Frauen und Männer mit ihrer individuellen Persönlichkeit geachtet, unabhängig von kulturellem Hintergrund, Geschlecht, Berufsausbildung und beruflicher Erfahrung. Ein respektvoller Umgang miteinander ist Voraussetzung für unseren Erfolg. Nur die Bereitschaft zu effektiver Zusammenarbeit, überdurchschnittlichen Leistungen, außergewöhnlicher Produktivität und kontinuierlichem Lernen sichert langfristig unseren Erfolg.

**Unsere Aktionäre** können darauf vertrauen, dass wir uns der Verantwortung, in der wir ihnen gegenüber stehen, bewusst sind. Eine Fokussierung auf die Kostenstrukturen ist unverzichtbar. Um auch künftig angemessene Gewinne erzielen zu können, sind Prozessoptimierungen und Neuausrichtungen notwendig. Wir müssen konsequent daran arbeiten, für Aktionäre interessant zu bleiben. Es muss immer wieder deutlich gemacht werden, welches Potenzial hinter unseren geschäftlichen Aktivitäten steht, damit für sie der Kauf unserer Aktien sinnvoll erscheint.

**Unsere Forschung und Entwicklung** im eigenen Haus ist Garant dafür, dass auch künftig innovative Produkte und Dienstleistungen angeboten werden können. Qualität steht dabei für uns an oberster Stelle. Unser hervorragendes Image und unsere Marktführerschaft bei vielen Produkt- und Dienstleis-

→ FORTSETZUNG AUF DER NÄCHSTEN SEITE

tungsangeboten beruhen nicht zuletzt auch auf der kontinuierlichen und innovativen Arbeit unserer Forschungs- und Entwicklungsabteilungen.

COSMETICS WORLDWIDE AG

**Fallstudie Material 5: Pressemitteilung der COSMETICS WORLDWIDE AG**

Luxemburg, 14. März 2011: Die COSMETICS WORLDWIDE AG richtet ihre Forschung & Entwicklung für die Zukunft aus

Um künftig stärkeres Wachstum durch innovative Produkte und Dienstleistungen zu generieren, wird die COSMETICS WORLDWIDE AG ihre Forschung & Entwicklung neu aufstellen. Die neue Strategie zielt darauf ab, die Aktivitäten künftig an wenigen Orten zu bündeln. Im Fokus stehen dabei europäische Standorte. Die Konzentration auf ausgewählte Kompetenzzentren erfolgt nach den zur Verfügung stehenden Ressourcen. Auch künftig werden innovative Produkte und Dienstleistungen für die globalen Märkte entwickelt. Allerdings berücksichtigt das Unternehmen dabei stärker als bisher, wo überdurchschnittliche Wachstumschancen genutzt werden können.

Hierzu stellt der CEO der COSMETICS WORLDWIDE AG, John Smith, fest: »Die gründliche Bestandsaufnahme des Bereiches Forschung & Entwicklung hat ergeben, dass wir über erstklassige personelle Ressourcen verfügen. Um unsere Wettbewerbsvorteile künftig noch stärker nutzen zu können, ist es allerdings wichtig, unsere Aktivitäten zu bündeln. Die Fokussierung auf ausgewählte Kompetenzzentren wird helfen, dass unsere innovativen Angebote den Weg zum Kunden künftig schneller finden. Ich bin der festen Überzeugung, dass die Konzentration auf wenige Standorte zu signifikanten Synergieeffekten führen wird.«

Momentan findet die Entwicklungs- und Forschungsarbeit europaweit an 42 Standorten mit 2100 Mitarbeitern statt. Künftig wird es acht Kompetenzzentren geben. Jedes von ihnen wird sich auf bestimmte Kernkompetenzen spezialisieren. Der größte Teil der Mitarbeiter an den bisherigen Standorten bekommt die Gelegenheit, künftig in einem der Kompetenzzentren weiterzuarbeiten. 280 Arbeitsplätze fallen weg. »Die COSMETICS WORLDWIDE AG wird mit den beteiligten Betriebsräten und Mitarbeitern in Kontakt treten, um sozialverträgliche Lösungen zu entwickeln«, sagte John Smith. Das Unternehmen ist bemüht, allen Mitarbeitern bei der Suche nach neuen Einsatzmöglichkeiten innerhalb oder außerhalb des Konzerns behilflich zu sein.

**Fallstudie Material 6: Gutachten der Investitionen Bank AG**

Nach einer Prognose der Investitionen Bank AG wird sich die weltweite Kaufkraft in den kommenden Jahren folgendermaßen entwickeln (alle Angaben in Euro pro Haushalt im Monat. Die Zahlen entsprechen dem frei verfügbaren Einkommen: Netto-Haushaltseinkommen abzüglich laufender Kosten wie Mieten, Energie, Telekom, Auto et cetera):

| | 2013 | 2014 | 2015 | 2016 |
|---|---|---|---|---|
| **Westeuropa** | 740 | 750 | 740 | 755 |
| **Osteuropa** | 270 | 280 | 300 | 310 |
| **Asien** | 300 | 320 | 330 | 340 |
| **Lateinamerika** | 250 | 240 | 240 | 250 |

**Hinweise zur Lösung der Fallstudie**

Haben Sie bei der Analyse der Informationen und Daten erkannt,

- → dass die COSMETICS WORLDWIDE AG großen Wert auf innovative Produkte legt? (Premiumanbieter)
- → dass laut Pressemitteilung vom 8. Februar 2011 zusätzlich zur Zielgruppe Frauen (kann noch weiter ausdifferenziert werden) verstärkt auch Männer und Teenager umworben werden sollen?
- → dass es in Westeuropa im Jahr 2007 Umsatzrückgänge gegeben hat und die Mitarbeiterzahl stark reduziert wurde, sich inzwischen aber wieder erholt hat? (Sättigungstendenzen, aber Wachstum durch Innovationen möglich; erstes Greifen der neuen Zielgruppenstrategie)
- → dass die Märkte in Asien und Osteuropa kontinuierlich gewachsen sind? Dies könnte bedeuten, dass sich in diesen Gesellschaften mit vielen jungen Menschen konsumfreudige Zielgruppen finden lassen.
- → dass die Umsatzzuwächse in Lateinamerika von 2009 auf 2010 prozentual am größten waren?
- → dass in der Aufstellung der Umsätze und Mitarbeiter Nordamerika als Region nicht auftaucht? Dieser Markt ließe sich aus Lateinamerika gut zusätzlich bedienen (NAFTA-Mitglied Mexiko!).
- → dass von 2009 auf 2010 die Investitionen in Produktionskapazitäten verstärkt, die in Forschungs- und Entwicklungsaktivitäten dagegen reduziert worden sind?
- → dass von 2009 auf 2010 trotz sinkendem Ergebnis je Aktie eine höhere Dividende ausgeschüttet wurde? Und dass dies mit dem in der Unternehmensphilosophie thematisierten Shareholder-Value-Ansatz zusammenhängen könnte? (Spannungsfeld: Kosten für Forschung und Entwicklung gegen Dividendenausschüttung)
- → dass laut Pressemitteilung vom 14. März 2011 künftig die Forschung und Entwicklung in acht Kompetenzzentren zusammengefasst werden soll? Dabei soll die Entwicklung für die globalen Märkte weiterhin in Europa stattfinden. Eine Idee wäre, Entwicklungskapazitäten in Osteuropa aufzubauen (Personalkosten).
- → dass laut Gutachten der Investitionen Bank die Haus-

haltseinkommen in Osteuropa und Asien am stärksten steigen werden? Zudem ist davon auszugehen, dass in Osteuropa und Asien die Zahl der Haushalte aufgrund von Individualisierungstendenzen stark zunehmen wird, während diese Entwicklung in Westeuropa bereits vollzogen ist.

→ dass sich zur Frage der zusätzlichen Geschäftsaktivitäten in der Pressemitteilung vom 8. Februar 2011 ein Hinweis auf AkuPRESS findet? Daher ist davon auszugehen, dass der Trend, Wellness-Dienstleistungen anzubieten, Bestandteil der Geschäftsstrategie zum Cross-Selling wird.

→ Sind Sie auf die Beantwortung der drei vorgegebenen Fragen eingegangen?

→ Haben Sie in der vorgegebenen Zeit auch ein präsentationsfähiges Konzept erstellt?

## Checkliste Fallstudie und Business-Case

CHECKLISTE

○ Behalten Sie bei der Bearbeitung Ihrer Fallstudie beziehungsweise Ihres Business-Case die Zeit im Blick? Planen Sie genügend Zeit zur Ergebnisfixierung ein?

○ Sind Sie nach folgendem Schema vorgegangen?
- Unterlagen sichten,
- Kernaussagen notieren,
- Zusammenhänge erkennen,
- Lösungsskizze entwerfen,
- Auswertung schriftlich fixieren.

○ Falls Sie Ihr Ergebnis präsentieren sollen: Haben Sie sich überlegt, welche Medien Sie wie einsetzen wollen (Flipchart, Overhead, Whiteboard, Metaplan)? Und haben Sie auch genügend Zeit für die Anfertigung Ihrer Visualisierungen reserviert?

○ Welche Kernaussagen beinhalten die verschiedenen Unterlagen?

→ FORTSETZUNG AUF DER NÄCHSTEN SEITE

- ◯ Sind Ihnen Zusammenhänge zwischen den einzelnen Dokumenten aufgefallen?
- ◯ Wie lassen sich die Kernaussagen zur Beantwortung der gestellten Fragen herausziehen?
- ◯ Haben Sie eine Lösungsskizze mit zentralen Aussagen entworfen, bevor Sie in die Details einsteigen?
- ◯ Können Sie darstellen, welche strategischen und operativen Konsequenzen sich aus dem vorliegenden Zahlenmaterial ergeben?
- ◯ Stellen Sie Ihre beruflichen Kompetenzen heraus, indem Sie Ihre Branchenerfahrungen und/oder Ihre Kenntnisse aus dem Tagesgeschäft beispielhaft mit in die Lösung einfließen lassen?
- ◯ Sind die von Ihnen dargelegten Konsequenzen aus der Analyse des Materials für die Leser/Zuhörer logisch und nachvollziehbar?
- ◯ Haben Sie sich auch Gedanken über mögliche Alternativlösungen gemacht?

# Interview: Meistern Sie kritische Fragen

**Es gibt Firmen, die gleich nach der Sichtung der Bewerbungsunterlagen interessante Kandidatinnen und Kandidaten zum Assessment-Center einladen und dabei das Vorstellungsgespräch in das Auswahlverfahren integrieren. Manchmal werden Interviews in ACs aber auch dann eingesetzt, wenn vorher bereits ein Vorstellungsgespräch stattgefunden hat. Bei reinen Personalentwicklungs-ACs kommt das Interview ebenfalls oft als eigenständige Übung vor. Im Interview geht es vorrangig um Ihre Persönlichkeit. Fachliche Qualifikationen treten in den Hintergrund.**

## Warum wird diese Übung eingesetzt?

*Chancen und Risiken*

Beim Interview erhalten Sie die Möglichkeit, über sich selbst Auskunft zu geben. Hierin liegen zugleich Chancen und Risiken. Ein schlechter Auftritt im Interview lässt bei den Beobachtern generelle Zweifel an Ihrer Kommunikationsfähigkeit aufkommen. Ist aus den Antworten eine eher pessimistische, abwartende Grundhaltung herauszuhören, dann empfehlen Sie sich sicherlich nicht als Leistungsträger mit Macherqualitäten.

Mit einem souveränen Auftritt lassen sich hingegen mehrere Ziele erreichen: Zum einen können gute Antworten ein positives Bild aus den anderen Übungen sehr wirkungsvoll unterstützen. Zum anderen lernen Vorgesetzte in den Interviews auch ihre zukünftigen Mitarbeiterinnen und Mitarbeiter näher kennen. Wenn aus Ihren Antworten überzeugende Einstellungsargumente herauszuhören sind, dann setzen Vorgesetzte sich in der späteren Beobachterkonferenz sicherlich für Sie ein.

## Worauf achten die Beobachter?

Die Beobachter achten sehr stark darauf, ob der Kandidat es schafft, sich gut zu verkaufen. Wer übermäßige Selbstkritik übt, seine Fähigkeiten relativiert oder bisherige Kollegen und Vorgesetzte kritisiert, katapultiert sich schnell selbst ins Abseits. Positiv bewertet werden Antworten, die Realitätssinn, Praxisnähe, Zielstrebigkeit und Erfolgsorientierung vermitteln.

*Die Rolle der Körpersprache*

Die Körpersprache spielt wie bei allen Übungen auch im Interview eine große Rolle. Gerade bei schwierigen Fragen, die Kandidaten unter Stress setzen, werden Unsicherheits- und Verlegenheitsgesten kritisch bewertet: Aufmerksame Sitzhaltung und immer wieder Blicke in die Runde zeigen den Beobachtern dagegen, dass Sie belastbar sind.

### Typische Fehler

Viele können mit den Fragen, die im Interview an sie gerichtet werden, nichts anfangen, da ihnen nicht klar ist, worauf diese abzielen. Leider ist dann häufig zu beobachten, dass Bewerber sich in abstrakte Formulierungen, leere Floskeln und Pauschalurteile flüchten. Hinzu kommt der Stressfaktor. Wer es im Vorfeld des Assessment-Centers unterlassen hat, sich seine beruflichen Erfolge und Stärken noch einmal gründlich vor Augen zu führen, fängt im Interview schnell an zu schwimmen. Dadurch wiederum wird der Stressfaktor noch größer.

### Sinnvolle Strategien

*Ihre Selbstpräsentation als Sicherungsanker*

Es ist wichtig, mit genügend Material in das Interview zu gehen. Eine gut ausgearbeitete Selbstpräsentation ist ein hervorragender Sicherungsanker (siehe Kapitel »Selbstpräsentation: Zeigen Sie, was Sie bisher geleistet haben« ab Seite 46). Darüber hinaus sollten Sie sich schon vorab intensiv mit typischen Fragen zu den einzelnen Soft Skills beschäftigen. Nur wenn Sie durchschauen, worauf die einzelnen Fragen abzielen, können Sie souveräne Antworten und passende Beispiele liefern. Die folgenden zehn Dimensionen stehen häufig im Mittelpunkt von AC-Interviews:

→ **Profil,**
→ **Selbstbild,**
→ **Leistungsbereitschaft,**

- **Kundenorientierung,**
- **Veränderungsbereitschaft,**
- **Selbstmotivation,**
- **Konfliktverhalten,**
- **Unternehmerisches Denken,**
- **Organisationstalent,**
- **Führungskompetenz.**

Wir stellen Ihnen zu jeder Persönlichkeitsdimension zwei Fragen vor. Bitte beantworten Sie zunächst die Fragen, bevor Sie einen Blick auf die Beispielantworten im Anschluss werfen. Modifizieren Sie dann bei Bedarf Ihre Antworten anhand unserer gelungenen Beispiele. Überlegen Sie sich zusätzlich individuelle Belege mit Praxisbezug, mit denen Sie Ihre Antworten plausibel machen können.

*Noch mehr Beispiele*

Weitere Fragen für Ihre Vorbereitung zusammen mit Beispielen für gute und weniger gelungene Beispielantworten finden Sie in unseren Ratgebern »Trainingsmappe Vorstellungsgespräch. Die 200 entscheidenden Fragen und die besten Antworten« und »So gewinnen Führungskräfte im Vorstellungsgespräch. Die 220 entscheidenden Fragen und die besten Antworten«.

## Übung: Interview

ÜBUNG

**1. Profil**
Was reizt Sie an der neuen Position?

Ihre Antwort:

**Ungünstige Antwort auf Frage 1:** Von mir aus hätte ich auch weiter bei meiner alten Firma arbeiten können, aber die Insolvenz hat meine Pläne durchkreuzt. Jetzt möchte ich halt bei Ihnen weitermachen.

→ FORTSETZUNG AUF DER NÄCHSTEN SEITE

**Gelungene Antwort auf Frage 1:** Ich möchte gerne auch weiterhin in den mir übertragenen Bereichen für Datensicherheit und effektive Arbeitsabläufe sorgen. Neben meinen Aufgaben in der Systemadministration habe ich stets auch viel Support für die Mitarbeiter zur Verfügung gestellt. Je einfacher die Bedienung von EDV-Systemen gestaltet ist, desto besser können sich die Mitarbeiter auf ihre eigentliche Arbeit konzentrieren. Besonders reizt mich der Aufbau eines Management-Informationssystems, das die Prozesse im Unternehmen transparenter als bisher machen wird.

**2. Profil**
Welche Qualifikationen bringen Sie mit?

Ihre Antwort:

________________________________________

________________________________________

________________________________________

________________________________________

**Ungünstige Antwort auf Frage 2:** Zum einen habe ich einen Abschluss als Diplom-Kaufmann, zum anderen natürlich Führungserfahrung und nicht zuletzt umfassende Praxiserfahrungen.

**Gelungene Antwort auf Frage 2:** Ich bringe umfassende Qualifikationen im Produktmanagement und in der Betreuung von Produktlinien mit. Ich konzipiere länderspezifische Produkt- und Marketingstrategien für internationale Märkte. Die Produkt- und Preispositionierung im Markt gehört ebenso zu meinen Aufgaben wie die Ausgestaltung der Distributionskanäle. Diese Qualifikationen habe ich mir in langjähriger Praxiserfahrung angeeignet. Als Diplom-Kaufmann sind mir Markt- und Wettbewerbsanalysen und die Konzeption sowie die Realisierung von Vertriebsstrategien schon seit dem Studium bekannt. In der Praxis konnte ich dann erfolgreich damit arbeiten.

**3. Selbstbild**
Wo sehen Sie bei sich noch Defizite, an denen Sie arbeiten müssen?

Ihre Antwort:

______________________________

______________________________

______________________________

______________________________

**Ungünstige Antwort auf Frage 3:** Ach, wer ist schon ganz mit sich zufrieden! Ich wäre schon gerne offener gegenüber neuen Menschen. Manchmal habe ich auch den Eindruck, dass ich die Dinge immer viel zu pessimistisch sehe. Und ein paar Kilo abnehmen könnte ich auch.

**Gelungene Antwort auf Frage 3:** Große Defizite sehe ich nicht. Interessieren würden mich schon Spanischsprachkurse. Auch ein Rhetorikseminar würde ich gerne einmal wieder besuchen. Insbesondere, um noch besser Reden aus dem Stegreif halten zu können.

**4. Selbstbild**
Was ist aus Ihrer Sicht wichtig, um produktiv arbeiten zu können?

Ihre Antwort:

______________________________

______________________________

______________________________

______________________________

**Ungünstige Antwort auf Frage 4:** Man muss mich nur in Ruhe lassen, dann klappt das auch mit der Arbeit.

**Gelungene Antwort auf Frage 4:** Um produktiv arbeiten zu können, finde ich eine gute Einbindung ins Unternehmen wichtig. Alle Teammitglieder sollten an einem Strang ziehen, es sollte

→ FORTSETZUNG AUF DER NÄCHSTEN SEITE

auch die Möglichkeit geben, eigene Ideen einbringen zu können.

**5. Leistungsbereitschaft**
Was waren Ihre zwei schönsten Erfolge?

Ihre Antwort:

________________________________________

________________________________________

________________________________________

________________________________________

**Ungünstige Antwort auf Frage 5:** Mit meinem Mann habe ich das Turnier der Rot-Weiß-Tanzgruppe gewonnen, und dass ich so lange bei meinem bisherigen Arbeitgeber bleiben konnte, ist heutzutage ja auch schon ein Erfolg.

**Gelungene Antwort auf Frage 5:** Ein schöner Erfolg war es für mich, dass ich das Back-Office so umgestalten konnte, dass wir viel mehr Kundenanfragen mit dem bestehenden Team bearbeiten konnten. Mein zweiter Erfolg ist die Zusammenführung verschiedener Datenbankinhalte. Mit einer speziellen Weiterbildung habe ich mich auf diese Aufgabe vorbereitet, sodass ich die Datenkonvertierung übernehmen konnte.

**6. Leistungsbereitschaft**
Was können Sie zum Firmenerfolg beitragen?

Ihre Antwort:

________________________________________

________________________________________

________________________________________

________________________________________

**Ungünstige Antwort auf Frage 6:** Ich werde meine Arbeit so gut wie möglich machen.

**Gelungene Antwort auf Frage 6:** Ihr Unternehmen ist einer der führenden Anbieter im Maschinenbau und auch international tätig. Im Service kann ich für Sie die Problembehebung beim Kunden übernehmen. Wegen meiner guten Englischkenntnisse könnte ich auch im Ausland arbeiten. Allgemein gesagt, werde ich meine umfassende Berufserfahrung im Werkzeugmaschinenbau für Sie einsetzen können.

**7. Kundenorientierung**
Was ist wichtiger: gutes Marketing oder gute Produkte?

Ihre Antwort:

______________________________

______________________________

______________________________

______________________________

**Ungünstige Antwort auf Frage 7:** Ein gutes Produkt wird seinen Weg schon finden.

**Gelungene Antwort auf Frage 7:** Gutes Marketing und gute Produkte sollten Hand in Hand gehen. Es nützt nichts, wenn man ein gutes Produkt hat und niemand kennt es. Bei den komplizierten technischen Produkten, die Sie herstellen, ist auf den ersten Blick auch gar nicht erkennbar, was sie alles zu leisten vermögen. Deswegen ist das Marketing wichtig, um dem Kunden Orientierung zu bieten und Informationen zu geben. Wir in der Technik liefern dafür das entsprechend gute Produkt.

**8. Kundenorientierung**
Wie lässt sich eine langfristige Kundenbindung erzielen?

Ihre Antwort:

______________________________

______________________________

______________________________

______________________________

**Ungünstige Antwort auf Frage 8:** Eine schwierige Frage. Die Kunden wechseln heutzutage ja so oft die Anbieter.

→ FORTSETZUNG AUF DER NÄCHSTEN SEITE

**Gelungene Antwort auf Frage 8:** Ich habe die Erfahrung gemacht, dass man für die Kundenbindung eine Menge tun kann. Schon eine kompetente Beratung beim Einkauf kann dazu führen, dass der Kunde wiederkommt. Gut bewährt hat sich eine Kundenkartei, damit man mit Nachfassaktionen oder Mailings neue Produkte vorstellen kann.

**9. Veränderungsbereitschaft**
Haben Sie sich in den letzten Jahren weiterentwickelt?

Ihre Antwort:

______________________________

______________________________

______________________________

______________________________

**Ungünstige Antwort auf Frage 9:** Ja, ich hoffe, zu meinem Vorteil.

**Gelungene Antwort auf Frage 9:** Auf jeden Fall, in meinem Fachgebiet bleibe ich eigentlich immer am Ball. Heutzutage kommt man mit dem Internet ja wunderbar an aktuelle Informationen. Ich bin auch in schwierigere Aufgaben hineingewachsen. Und nicht zuletzt habe ich durch die Übernahme von Sonderaufgaben einen besseren Draht zu den Kollegen aus anderen Abteilungen bekommen.

**10. Veränderungsbereitschaft**
Wie stehen Sie zum Begriff der »Fehlerkultur«?

Ihre Antwort:

______________________________

______________________________

______________________________

______________________________

**Ungünstige Antwort auf Frage 10:** Das ist doch auch wieder so eine Managementmode, die mit der betrieblichen Praxis nichts zu tun hat.

**Gelungene Antwort auf Frage 10:** Es ist wichtig, dass in der Firma jeder daran arbeitet, Fehler so weit wie möglich auszuräumen. Fehler haben nämlich die Eigenschaft, immer schlimmer zu werden, je länger man die Sache schleifen lässt. Ich finde auch gegenseitige Schuldzuweisungen sehr unproduktiv. Besser ist es, wenn man sich eine Null-Fehler-Mentalität als Ziel setzt.

**11. Selbstmotivation**
Worauf sind Sie stolz?

Ihre Antwort:

______________________________

______________________________

______________________________

______________________________

**Ungünstige Antwort auf Frage 11:** Ich bin stolz auf meinen Sohn, er bringt gute Noten nach Hause.

**Gelungene Antwort auf Frage 11:** Stolz bin ich darauf, dass ich durch Verbesserungsvorschläge Bedienungsfehler an unseren Werkstattmaschinen ausräumen konnte. Durch das Anbringen von Schutzeinrichtungen sind Fehlbedienungen jetzt so gut wie ausgeschlossen. Gefreut habe ich mich auch darüber, dass ich in eine bereichsübergreifende Gruppe zum Qualitätsmanagement berufen worden bin.

**12. Selbstmotivation**
Welche Arbeitsbedingungen brauchen Sie, um optimal arbeiten zu können?

Ihre Antwort:

______________________________

______________________________

______________________________

______________________________

→ FORTSETZUNG AUF DER NÄCHSTEN SEITE

**Ungünstige Antwort auf Frage 12:** Um optimal arbeiten zu können, brauche ich einen verständnisvollen Chef und nette Kollegen.

**Gelungene Antwort auf Frage 12:** Wichtig ist mir, dass alle an einem Strang ziehen und ich gut in die Arbeitsabläufe eingebunden werde. Daneben ist es natürlich auch erforderlich, dass ich die Arbeitsmittel und Informationen erhalte, die ich für meine Arbeit brauche.

**13. Konfliktverhalten**
Wie verhalten Sie sich in unangenehmen Situationen?

Ihre Antwort:

___

___

___

___

**Ungünstige Antwort auf Frage 13:** Unangenehme Situationen versuche ich zu vermeiden.

**Gelungene Antwort auf Frage 13:** Auch unangenehmen Situationen sollte man sich stellen. Ich weiß noch, wie aufgeregt ich war, als ich mein erstes Reklamationsgespräch zu führen hatte. Es gibt auch heute noch Situationen, die belastender sind als andere. Meine berufliche Erfahrung hilft mir aber dabei, diese Situationen in den Griff zu bekommen.

**14. Konfliktverhalten**
Bei wem holen Sie sich in konfliktträchtigen Situationen Rat?

Ihre Antwort:

___

___

___

___

**Ungünstige Antwort auf Frage 14:** Ich komme schon ganz gut alleine zurecht.

**Gelungene Antwort auf Frage 14:** Das kommt auf die Situation an. Bei fachlichen Fragen gibt es eigentlich immer Spezialisten, die einem schnell weiterhelfen können, auch wenn man sie manchmal außerhalb der eigenen Abteilung suchen muss. Gibt es persönliche Probleme, traue ich mir eigentlich zu, sie auch selbst zu lösen. Manchmal kann dabei aber auch der Austausch mit Kollegen oder Bekannten hilfreich sein.

**15. Unternehmerisches Denken**
Was könnten Sie in Ihrem Arbeitsfeld dazu beitragen, dass wir mehr Kunden gewinnen?

Ihre Antwort:

______________________________

______________________________

______________________________

______________________________

**Ungünstige Antwort auf Frage 15:** Ich glaube, da müsste ich mich für Preisreduzierungen einsetzen.

**Gelungene Antwort auf Frage 15:** In der Fertigung ist es ganz wichtig, dass keine Produkte die Halle verlassen, die in irgendeiner Weise schadhaft sind. Ich habe bei meinen früheren Arbeitgebern auch schon in Qualitätsgruppen mitgearbeitet. Daher weiß ich, dass wir in der Fertigung auch gezielt Rückmeldung geben müssen, wenn Herstellungsschritte so kompliziert sind, dass sich Fehler einstellen können. Wenn wir in der Fertigung genau hinschauen, lässt sich die Qualität und Zuverlässigkeit der Produkte steigern. Dann greifen auch noch mehr Kunden zu.

**16. Unternehmerisches Denken**
Auf welche Trends müssen wir uns in unserer Branche demnächst einstellen?

→ FORTSETZUNG AUF DER NÄCHSTEN SEITE

Ihre Antwort:

______________________________________________

______________________________________________

______________________________________________

______________________________________________

**Ungünstige Antwort auf Frage 16:** Trends kommen und gehen, ich finde es aber wichtig, gute Produkte anzubieten.

**Gelungene Antwort auf Frage 16:** Die Konzentrationsprozesse im Handel werden weiter massiv zunehmen. Das heißt wir werden auf immer mächtigere Mitbewerber treffen. Hinzu kommen ausländische Handelskonzerne, die als Konkurrenten auftreten werden. Eine Chance besteht natürlich darin, selbst im Ausland tätig zu werden.

**17. Organisationstalent**
Welche Erfahrungen konnten Sie bisher im Projektmanagement sammeln?

Ihre Antwort:

______________________________________________

______________________________________________

______________________________________________

______________________________________________

**Ungünstige Antwort auf Frage 17:** Das kommt darauf an, was man unter Projektmanagement versteht. Mit komplexeren Aufgaben habe ich durchaus schon zu tun gehabt. Es war zwar anstrengend, aber ich könnte mir durchaus vorstellen, noch einmal Projekte zu leiten.

**Gelungene Antwort auf Frage 17:** Ich habe schon die Verantwortung für Projektaufgaben übernommen. Dazu gehörten die Zeitplanung, die Ressourcenplanung und natürlich auch die Einhaltung der Budgets. Es ging um Qualitätsmaßnahmen, die von mir mit anderen Abteilungen besprochen und umgesetzt wurden. Wir konnten mit den von mir verantworteten Maßnahmen deutliche Verbesserungen erzielen.

**18. Organisationstalent**
Welche Unterschiede sehen Sie zwischen der Leitung einer Abteilung und einer Projektleitung?

Ihre Antwort:

---

---

---

---

**Ungünstige Antwort auf Frage 18:** In der Abteilung müssen die Mitarbeiter auf mich hören. In der Projektgruppe sind sie dazu nicht gezwungen, was die ganze Sache sehr schwierig macht. Wenn die einzelnen Abteilungen nur ihre eigenen Bedürfnisse sehen, ist das ein weiterer Störfaktor, der die Projektleitung schwieriger als die Abteilungsleitung macht.

**Gelungene Antwort auf Frage 18:** An Projekten sind üblicherweise unterschiedliche Abteilungen und Unternehmensbereiche beteiligt. Man muss die Sprache der Kollegen sprechen und die unterschiedlichen Bedürfnisse der Beteiligten berücksichtigen. In internationalen Projektteams ist es auch wichtig, sich auf kulturelle Unterschiede einzustellen. Das macht die Projektleitung zu einer komplexen, aber sehr interessanten Aufgabe. Da ich mich auch bei der Leitung meiner Abteilung auf die einzelnen Mitarbeiter und ihre persönlichen Bedürfnisse und Stärken einstelle, ist der Schritt hin zur Projektleitung aber gar nicht so groß.

**19. Führungskompetenz**
Nach welchen Führungsprinzipien handeln Sie?

Ihre Antwort:

---

---

---

---

→ FORTSETZUNG AUF DER NÄCHSTEN SEITE

**Ungünstige Antwort auf Frage 19:** Meiner Ansicht nach ist Menschlichkeit, die sich in Intuition und Einfühlungsvermögen widerspiegelt, der ganz wesentliche Faktor einer situativen Führung. Starres Führungsverhalten sollte zugunsten von flexiblem Handeln zurücktreten. Menschenkenntnis kann man dabei nur begrenzt lernen. Ein gewisses Maß an natürlicher Führungskompetenz sollte schon mitgebracht werden.

**Gelungene Antwort auf Frage 19:** Ich habe mit dem Führen durch Zielvereinbarungen gute Erfahrungen gemacht. Mitarbeiter wissen es zu schätzen, wenn man ihnen klare Ziele vorgibt, ihnen aber Freiheit beim Vorgehen einräumt. Wichtig ist, hinter seinen Mitarbeitern zu stehen und sich auch selbst zu engagieren, um die Dinge in die gewünschte Richtung voranzutreiben.

**20. Führungskompetenz**
In welchen Situationen haben Sie Entscheidungsschwierigkeiten?

Ihre Antwort:

______________________________

______________________________

______________________________

______________________________

**Ungünstige Antwort auf Frage 20:** Das kann ich mir als Führungskraft in keiner Situation leisten.

**Gelungene Antwort auf Frage 20:** Es ist natürlich unschön, wenn man Entscheidungen auf einer unsicheren Faktenlage treffen muss. Trotzdem muss man in der Lage sein, dann sagen zu können, wie es weitergeht. Schließlich wird von mir als Führungskraft Entschlusskraft eingefordert. Dem werde ich auch gerne gerecht.

## Checkliste Interview

CHECKLISTE

- ◯ Wenn Sie mit einem Interview in Ihrem Assessment-Center rechnen, sollten Sie sich auf Fragen zu folgenden Aspekten vorbereiten:
  - Ihr Profil,
  - Ihr Selbstbild,
  - Ihre Leistungsbereitschaft,
  - Ihre Kundenorientierung,
  - Ihre Veränderungsbereitschaft,
  - Ihre Selbstmotivation,
  - Ihr Konfliktverhalten,
  - Ihr unternehmerisches Denken,
  - Ihr Organisationstalent,
  - Ihre Führungskompetenz.
- ◯ Können Sie einschätzen, auf welche Soft-Skill-Dimensionen die einzelnen Fragen abzielen?
- ◯ Verzichten Sie bei Ihren Antworten auf Kritik, Selbstabwertungen und Relativierungen?
- ◯ Antworten Sie auf Fragen nicht mit leeren Floskeln, sondern mit Beispielen aus berufsnahen Erfahrungen?
- ◯ Können Sie in Ihren Ausführungen berufliche Erfolge in den Vordergrund stellen?
- ◯ Haben Sie bei Ihren Antworten den beruflichen Hintergrund der Fragenden (Personaler, Fachvorgesetzte, Geschäftsführer) berücksichtigt?
- ◯ Bleiben Sie bei (vermeintlichen) Stressfragen ruhig und gelassen?
- ◯ Antworten Sie in einem angemessenen Sprechtempo und in einer passenden Lautstärke?

→ FORTSETZUNG AUF DER NÄCHSTEN SEITE

- ◯ Halten Sie bei mehreren Interviewern abwechselnd Blickkontakt zu allen Anwesenden?
- ◯ Hinterlassen Ihre Antworten insgesamt den Eindruck eines Leistungsträgers mit Macherqualitäten?

# Heimliche Übungen: Überzeugen Sie in Pausen und beim Small Talk

**In einigen Assessment-Centern wird ganz offiziell Wert auf die Beobachtung der Kandidatinnen und Kandidaten während der Vorbereitungszeit, in den Pausen oder am Abend gelegt. In anderen ACs teilt man ihnen vorab mit, dass sie zwischen den Übungen nicht unter Beobachtung stehen. Unserer Erfahrung nach sollten Sie sich – unabhängig von diesen Vorgaben – immer darauf einstellen, dass nicht nur Ihre Leistungen in den Übungen bewertet werden. Auch wie Sie sich außerhalb der eigentlichen Übungen geben, wird in das Gesamtergebnis mit einfließen. Hierzu ein Statement von Christoph Aldering, der bei der Personalberatung Kienbaum den Bereich Management-Diagnostik verantwortet: »Ständig sendet jeder Mensch Signale aus, und wir nehmen diese wahr. Ob wir das nun bewusst und strukturiert tun oder nicht, sei dahingestellt. Man sollte sich aber darüber im Klaren sein, dass man immer wirkt und immer irgendwo und irgendwie beobachtet wird.« (»Bewerbung: Schwitzen im Assessment-Center«, in: *Focus Online*, 22.02.07)**

### Warum wird diese Übung eingesetzt?

*Sammeln Sie Sympathiepunkte*

Die heimlichen Übungen werden aus verschiedenen Gründen eingesetzt. Manche Unternehmen testen damit, ob Sie bei Geschäftsessen souverän auftreten. Andere nutzen sie, um zu überprüfen, ob sich Kandidaten auch außerhalb der eigentlichen AC-Übungen dem gewünschten Soft-Skill-Potenzial gemäß verhalten.

Die Unternehmen, die offiziell keine heimlichen Übungen einsetzen, bewerten das Pausenverhalten der Kandidaten indirekt. Hier vergeben die Beobachter dann inoffizielle Sympathiepunkte, die das Gesamtergebnis beeinflussen.

### Worauf achten die Beobachter?

*Fühlen Sie sich nie unbeobachtet*

Die Beobachter verfolgen, ob Kandidaten sich durchgängig souverän verhalten. Man möchte wissen, wie sie sich geben, wenn der Stress der offiziellen Übungen von ihnen abfällt und sie sich unbeobachtet fühlen. Gewünscht sind kontaktfreudige und Small-Talk-erfahrene Teamplayer. Gehen Sie von sich aus auf die anderen Teilnehmer zu? Schaffen Sie es, ein paar nette Worte zu wechseln, ohne Differenzen heraufzubeschwören? Können Sie sich Namen merken und so einen persönlichen Draht zu anderen herstellen? Integrieren Sie sich in die Gruppe der Teilnehmer oder schotten Sie sich ab? Reagieren Sie souverän, wenn Beobachter Sie in Pausen ansprechen? Lassen Sie in den Pausen unterschiedliche Ansichten aus den Übungen hinter sich oder versuchen Sie weiterzudiskutieren oder sich zu rechtfertigen?

### Typische Fehler

Zu den grundlegenden Fehlern in den heimlichen Übungen gehört sicherlich, sich von den anderen Teilnehmern abzuschotten. Insbesondere bei mehrtägigen Assessment-Centern wird von den Kandidaten erwartet, dass sie auch beim geselligen Teil am Abend anwesend sind und sich nicht in ihr Hotelzimmer flüchten.

Destruktive Gesprächsbeiträge einzelner Kandidaten, die die Gruppe der Teilnehmer spalten, sind fehl am Platz. Kritik an den Übungsleistungen anderer sowie generelle Kritik am Assessment-Center kommen ebenfalls schlecht an.

Fehler werden oft auch in der Vorbereitungszeit gemacht. Kandidaten, die gelangweilt aus dem Fenster gucken, statt Einsatz zu zeigen, machen keinen guten Eindruck.

### Sinnvolle Strategien

*Small Talk vorbereiten*

Um für die heimlichen Übungen gewappnet zu sein, sollten Sie an Ihren Small-Talk-Fähigkeiten arbeiten. Überlegen Sie sich im Vorfeld des Assessment-Centers drei Themen, die Sie in Gespräche mit anderen Teilnehmern einbringen können. Achten Sie darauf, dass diese positiv besetzt sind und kein Konfliktpotenzial beinhalten. Vermeiden Sie politische Kontroversen, religiöse Themen oder schlüpfrige Witze, aber auch zu Persönliches wie Beziehungskonflikte.

Damit Sie die anderen Kandidaten und Beobachter in den Pausen namentlich ansprechen können, sollten Sie Ihr Namensgedächtnis trainieren. Falls Sie damit Schwierigkeiten haben, vermerken Sie die Namen einfach unbeobachtet auf einem Notizzettel. Dann können Sie auch weitere Kontaktdaten hinzufügen wie berufliche Position, Vorlieben und Lieblingsthemen.

Für Gespräche mit den Beobachtern sollten Sie sich vor dem AC mit Branchentrends auseinandersetzen und sich einige Ihrer beruflichen Erfolgsstorys wie gelungene Projekte, bewältigte Umstrukturierungen oder nachhaltige Umsatzsteigerungen ins Gedächtnis rufen.

*Sondern Sie sich nicht ab*

Gewöhnen Sie sich an, sich während der Pausen in der Gruppe aufzuhalten und nicht abseits zu stehen. Gleiches gilt für ein mögliches geselliges Zusammensein am Abend. Ziehen Sie sich nicht zu schnell auf Ihr Hotelzimmer zurück. Nutzen Sie die Gelegenheit, mit Ihren Mitkandidaten und eventuell auch den Beobachtern ins Gespräch zu kommen. Bringen Sie Ihre Small-Talk-Themen ein und gehen Sie auf die Äußerungen der anderen ein.

In den folgenden Übungen stellen wir Ihnen jetzt Kommunikationsthemen (Small Talk, Branchentrends und Erfolgsstorys) und Gesprächstechniken (Echo-Technik und offene Fragen) vor, mit denen Sie in den heimlichen Übungen überzeugen können.

### Small Talk

## Beispiel

BEISPIEL

Silke Schmidt ist IT-Leiterin in der Immobilienbranche. Um für Pausen in ihrem Assessment-Center Gesprächsstoff zu haben, bereitet sie das Thema »Südafrikanische Weine« vor. Nach dem Besuch eines Weinseminars hält sie ihr Wissen so fest:

Small-Talk-Thema: Weine aus Südafrika

Hintergrundwissen zum Small-Talk-Thema: vier Jahreszeiten in Südafrika; Ernte muss nicht in extremer Hitze erfolgen, daher weniger Schwefelung; Surfweltmeisterschaft der südafri-

→ FORTSETZUNG AUF DER NÄCHSTEN SEITE

kanischen Winzer; Vorteile kleinerer Weingüter (Handlese); geplanter Urlaub in Südafrika

Wie Sie an diesem Beispiel gesehen haben, sollten Sie nicht nur Small-Talk-Themen festlegen. Damit Sie ins Plaudern kommen können, benötigen Sie auch einige Hintergrundinformationen, die Sie sich rechtzeitig ins Gedächtnis rufen sollten. Bereiten Sie jetzt Ihre drei Small-Talk-Themen vor.

ÜBUNG

## Übung: Small Talk

1. Thema:

____________________

Ihr Hintergrundwissen:

____________________

____________________

2. Thema:

____________________

Ihr Hintergrundwissen:

____________________

____________________

3. Thema:

____________________

Ihr Hintergrundwissen:

____________________

____________________

### Branchentrends

## Beispiel

BEISPIEL

Silke Schmidt bereitet nicht nur Small-Talk-Themen vor, sondern setzt sich vor dem Assessment-Center noch einmal kurz mit den aktuellen Trends in ihrer Branche auseinander. Ihr Wissen fixiert sie so:

→ **Branchentrend 1: Interdisziplinäre Projektteams unter Einbindung externer Dienstleister**
→ **Branchentrend 2: Management-Informationssysteme**
→ **Branchentrend 3: Public-Private-Partnership**

Rufen auch Sie sich drei Branchentrends ins Gedächtnis. Überlegen Sie sich zudem, inwieweit diese Trends in Ihre momentanen beruflichen Aufgaben hineinspielen. Oder welche Relevanz diese Trends zukünftig für Ihre Arbeit haben werden. Üblicherweise werden Sie bei fachlichen Themen über genügend Hintergrundwissen verfügen, um damit kurze Gespräche in den Pausen führen zu können. Im Zweifelsfall recherchieren Sie noch einmal vor dem Assessment-Center.

## Übung: Branchentrends

ÜBUNG

1. Branchentrend:

______________________________
______________________________
______________________________

2. Branchentrend:

______________________________
______________________________
______________________________

→ FORTSETZUNG AUF DER NÄCHSTEN SEITE

3. Branchentrend:

______________________________________________

______________________________________________

______________________________________________

**Erfolgsstorys**

BEISPIEL

## Beispiel

Bei der Vorbereitung von persönlichen Erfolgsstorys für Gespräche mit den Beobachtern hat Silke Schmidt es leicht. Sie kann auf ihre Vorarbeit für die Selbstpräsentation zurückgreifen (siehe das Kapitel »Selbstpräsentation: Zeigen Sie, was Sie bisher geleistet haben« ab Seite 46). Sie wählt diese drei Erfolgsstorys aus:

→ **Erfolgsstory 1: Neustrukturierung des Beteiligungscontrollings**

→ **Erfolgsstory 2: Projektentwicklung: Revitalisierung ehemaliger Industrieareale**

→ **Erfolgsstory 3: Erfolgreiche SAP-Implementierung**

Gehen Sie jetzt in Gedanken noch einmal zu Ihrer Selbstpräsentation zurück. Wählen Sie drei Erfolgsstorys aus Ihrer bisherigen beruflichen Arbeit aus, die für die Beobachter von Interesse sein könnten. Besonders gut eignen sich Projektaufgaben, Restrukturierungen, die Einführung neuer Software, Auslandseinsätze und andere Aufgaben, bei denen neben Ihrem fachlichen Know-how auch Ihre Soft Skills zum Einsatz kamen.

## Übung: Erfolgsstorys

ÜBUNG

1. Erfolgsstory:

______________________________________________

______________________________________________

______________________________________________

2. Erfolgsstory:

______________________________________________

______________________________________________

______________________________________________

3. Erfolgsstory:

______________________________________________

______________________________________________

______________________________________________

### Echo-Technik und offene Fragen

*Wichtige Wörter wiederholen*

Wenn Sie Gespräche am Laufen halten wollen, sollten Sie Ihrem Gegenüber signalisieren, dass Sie aufmerksam zuhören. Gut geeignet dafür ist die Echo-Technik. Diese Kommunikationstechnik beruht darauf, dass Sie wichtige Schlüsselwörter oder Satzteile wiederholen. So können Sie zeigen, dass Sie den Ausführungen Ihres Gegenübers folgen. Wenn Sie dann an das sogenannte Echo eine offene Frage anschließen, gewinnt das Gespräch noch mehr Tiefe.

Offene Fragen lassen sich nicht mit einem Wort wie »ja« oder »nein« beantworten. Sie räumen dem Befragten mehr Platz für seine Antworten ein. Geeignete Fragewörter sind: was, wie, weshalb, warum, wieso und wozu. Ihr Gesprächspartner wird sich bei diesen Fragen ernst genommen fühlen. Wenn Sie die Echo-Technik mit offenen Fragen koppeln, können Sie sich den Status eines interessierten Gesprächspartners erarbeiten.

BEISPIEL

### Beispiel

Silke Schmidt kommt beim Mittagessen mit einem der anderen Teilnehmer ins Gespräch. Er berichtet ihr: »Die Kundenreklamationen haben deutlich abgenommen.« Damit das Gespräch mehr Tiefe gewinnt, fragt Frau Schmidt nach: »Dass ist doch ein schöner Erfolg, dass Sie die Kundenreklamationen senken konnten. Was haben Sie denn getan, um dies zu erreichen?«

Gewöhnen auch Sie sich daran, mit der Echo-Technik und offenen Fragen Gespräche aktiv zu gestalten. Setzen Sie die vorgestellte Kommunikationstechnik nun ein, um auf unsere Statements zu reagieren.

ÜBUNG

### Übung: Echo-Technik und offene Fragen

Statement: »Mit dem Direktmarketing konnten wir neue Zielgruppen erschließen.«

Ihre Echo-Technik und offene Frage:

________________________________________

________________________________________

Statement: »Die Globalisierung greift inzwischen auch in unserer Branche.«

Ihre Echo-Technik und offene Frage:

________________________________________

________________________________________

Statement: »Wir setzten jetzt verstärkt Produkt-Marketing-Teams ein.«

Ihre Echo-Technik und offene Frage:

________________________________________

________________________________________

## Checkliste Heimliche Übungen

CHECKLISTE

- ◯ Haben Sie sich klargemacht, dass das Assessment-Center auch in Pausen und Unterbrechungen weiterläuft?
- ◯ Sind Sie sich darüber bewusst, dass Sympathiepunkte – trotz gegenteiliger Beteuerungen – in den Pausen inoffiziell vergeben werden?
- ◯ Nutzen Sie die Ihnen zur Verfügung gestellte Vorbereitungszeit für einzelne Übungen komplett aus?
- ◯ Können Sie sich die Namen der anderen Teilnehmer und der Beobachter merken?
- ◯ Haben Sie drei Small-Talk-Themen vorbereitet, mit denen Sie Gespräche locker gestalten können?
- ◯ Können Sie von sich aus auf die anderen Kandidaten in den Pausen zugehen?
- ◯ Sind Sie in der Lage, sich schnell Kontaktdaten zum beruflichen Hintergrund der anderen Teilnehmer zu merken?
- ◯ Können Sie die Beobachter hinsichtlich Ihrer Position und Hierarchie im Unternehmen einordnen?
- ◯ Sind Sie bereit, mit den Beobachtern in Pausen oder am Abend einige Worte zu wechseln?
- ◯ Haben Sie berufliche Erfolgsstorys und Branchentrends parat, um auch fachliche Gespräche aktiv gestalten zu können?
- ◯ Nutzen Sie Kommunikationstechniken, mit denen Sie Gespräche am Laufen halten können?
- ◯ Verzichten Sie tagsüber ganz und während geselliger Zusammenkünfte am Abend weitestgehend auf alkoholische Getränke?

# Test: Machen Sie Ihr Kreuz an der richtigen Stelle

**Anders als Selbsteinschätzungen (siehe das Kapitel »Selbsteinschätzung: Melden Sie Ihren Anspruch an« ab Seite 33) werden Tests nicht vor, sondern während eines Assessment-Centers eingesetzt. Es gibt verschiedene Testarten, auf die die Kandidaten treffen können. Gerne verwendet werden Persönlichkeitstests sowie Konzentrations- und Leistungstests. Unternehmensbefragungen zeigen, dass Tests lediglich in etwa 20 Prozent der Assessment-Center zum Einsatz kommen. Diese Einschätzung können wir aus unserer Beratungspraxis bestätigen. Wenn AC-Kandidaten aber mit einem Test rechnen müssen, sollten sie sich darauf ebenfalls vorbereiten.**

**Warum wird diese Übung eingesetzt?**

*Persönlichkeitstests*

Hier muss man zwischen den verschiedenen Testarten unterscheiden. Persönlichkeitstests werden eingesetzt, um die Kandidateneinschätzungen der Beobachter zu untermauern. Einige Firmen verwenden Persönlichkeitstests also als zusätzliches Kontrollinstrument: Ergibt der Test die gleichen Ergebnisse wie die Einschätzungen der Beobachter aus den anderen AC-Übungen? Andere Firmen wollen das Selbstbild der Kandidaten prüfen: Wie sehen sie sich selbst? Wo vermuten sie ihre Stärken, wo ihre Schwächen?

*Stressverhalten*

Konzentrations- und Leistungstests werden eingesetzt, um das Stressverhalten der Kandidaten zu testen: Wie ausdauernd sind Kandidaten bei einer höheren Belastung? Kommen sie mit dem Druck zurecht oder brechen sie ein?

Manchmal hat der Einsatz von Tests auch ganz pragmatische Gründe: Man möchte den Druck auf die Kandidatinnen und Kandidaten permanent aufrechterhalten. Die Beobachter können nicht immer alle Kandidaten im Blick haben. Diejenigen, die gerade nicht in einer kommunikativen Übung antreten, sollten aber ebenfalls beschäftigt werden. Deshalb konfrontiert man sie dann mit einem Test.

### Worauf achten die Beobachter?

*Passen Test und Verhalten zusammen?*

Tests werden nicht vorrangig von den Beobachtern, sondern von der Personalabteilung oder der durchführenden Personalberatung ausgewertet. Die Beobachter erhalten dann vom AC-Moderator das Testergebnis mitgeteilt, um es ins Endergebnis einfließen lassen zu können. Bei Persönlichkeitstests ist es für die Beobachter wichtig, dass das Testergebnis nicht im Widerspruch zur sonstigen Leistung des Kandidaten steht. Manchmal wird es auch genutzt, um im Interview oder Feedbackgespräch am Ende des Assessment-Centers kritische Nachfragen zu stellen.

Bei Konzentrations- und Leistungstests wird ein vorher festgelegter Ergebnisdurchschnitt erwartet. Erreichen Sie diesen nicht, führt dies zur Abwertung der Leistung im AC.

### Typische Fehler

Fehlendes taktisches Geschick beim Ausfüllen ist der Hauptfehler, den Kandidaten bei Persönlichkeitstest machen. Wer hier zu hart mit sich ins Gericht geht und zu ehrlich ist, zeigt sich nicht als Potenzialträger. Aber auch wer sich bei jeder Frage die Höchstnote gibt, wird Skepsis hervorrufen. Unternehmen suchen Leistungsträger mit überdurchschnittlichem Potenzial, die sich aber auch realistisch einschätzen können.

Bei Konzentrations- und Leistungstests grübeln viele zu lange herum. Wer sich aus einer allgemeinen Testabneigung heraus erst einmal dagegen sperrt, den Test in Angriff zu nehmen, wird in Zeitnot geraten und ein gutes Ergebnis verspielen.

### Sinnvolle Strategien

*Gut, aber realistisch*

In Persönlichkeitstests sollten Sie eine gute, aber realistische Selbsteinschätzung liefern. Das heißt für Sie: Vermeiden Sie unterdurchschnittliche Bewertungen. Wenn Sie Schwächen eingestehen möchten, tun Sie dies mit einer durchschnittlichen Bewertung. Sie sollten sich aber überwiegend für Einschätzungen im oberen Drittel der vorgegebenen Skalen entscheiden.

Jedem Persönlichkeitstest liegen bestimmte Dimensionen zugrunde, die abgefragt werden. Geprüft wird die jeweilige

Ausprägung und Qualität bestimmter Eigenschaften. Es lohnt sich, sich einmal praktisch mit diesen Eigenschaften vertraut zu machen, um herauszufinden, worauf einzelne Fragen oder Aussagen eigentlich abzielen. Wir stellen Ihnen einen Persönlichkeitstest vor, der aus 70 Aussagen besteht, hinter denen sich sieben Dimensionen verbergen.

*Lösen Sie soviel wie möglich*

Bei Konzentrations- und Leistungstests ist es wichtig zu wissen, dass ein optimales Ergebnis in der vorgegebenen Zeit nicht zu erreichen ist. Wichtig ist es, so viele Aufgaben wie möglich zu bewältigen, um die notwendigen Punkte zu sammeln. Grundsätzlich ist es hilfreich, sich im Vorfeld mit den typischen Aufgaben in Konzentrations- und Leistungstests zu beschäftigen. Dann können Sie im Ernstfall gleich durchstarten, ohne die knappe Zeit für das Hineindenken in die Aufgabenstellung zu verschwenden. Aus diesem Grund haben wir zwei Konzentrations- und Leistungstests für Sie vorbereitet.

### Persönlichkeitstest: Führung – Vertrieb – Leistung (F-V-L)

Der von uns für Sie ausgearbeitete Persönlichkeitstest F-V-L besteht aus 70 Aussagen. Entscheiden Sie für jede einzelne Aussage, wie zutreffend sie im Hinblick auf Ihre Persönlichkeit ist. Sie können dabei zwischen folgenden Kategorien wählen:

- → **sehr zutreffend,**
- → **überwiegend zutreffend,**
- → **teilweise zutreffend,**
- → **weniger zutreffend,**
- → **kaum zutreffend.**

Für die Bearbeitung des Tests haben Sie zehn Minuten Zeit. Bitte kreuzen Sie zügig die Ihrer Meinung nach zutreffende Einschätzung an. Überlegen Sie nicht zu lange und bleiben Sie ehrlich!

## Übung: Persönlichkeitstest F-V-L

ÜBUNG

| | | sehr zutreffend | überwiegend zutreffend | teilweise zutreffend | weniger zutreffend | kaum zutreffend |
|---|---|---|---|---|---|---|
| 1. | Ich engagiere mich auch in Arbeitsfeldern, in denen ich den Erfolg meiner Arbeit nicht abschätzen kann. | | | | | |
| 2. | In Verhandlungen berücksichtige ich die Interessen meiner Gesprächspartner. | | | | | |
| 3. | Wenn es Widerstände gibt, gebe ich nicht auf, sondern unternehme weitere Anläufe. | | | | | |
| 4. | Kunden erhalten von mir auch ohne Aufforderung gewinnbringende Informationen. | | | | | |
| 5. | Ich biete von mir aus meinen Mitarbeitern Hilfestellung an. | | | | | |
| 6. | Ich teile mein fachliches Know-how mit Kollegen und Mitarbeitern. | | | | | |
| 7. | Körpersprache ist ein wichtiger Faktor, um andere zu beeinflussen. | | | | | |
| 8. | Ich arbeite immer mit voller Kraft. | | | | | |

→ FORTSETZUNG AUF DER NÄCHSTEN SEITE

| | | sehr zutreffend | überwiegend zutreffend | teilweise zutreffend | weniger zutreffend | kaum zutreffend |
|---|---|---|---|---|---|---|
| 9. | Mit der Vertriebsstruktur meines Unternehmens bin ich vertraut. | | | | | |
| 10. | Es gelingt mir, Gehör bei Vorgesetzten zu finden. | | | | | |
| 11. | Konflikte spreche ich offen an. | | | | | |
| 12. | Meine persönlichen Netzwerke erweitere ich laufend. | | | | | |
| 13. | Als Vorgesetzter übernehme ich eine umfassende Vorbildfunktion. | | | | | |
| 14. | Cross-Selling-Möglichkeiten nutze ich aktiv. | | | | | |
| 15. | Neue Ideen vertrete ich auch gegen Widerstände. | | | | | |
| 16. | Meine Argumente bringe ich differenziert und an die jeweilige Situation angemessen vor. | | | | | |
| 17. | Auf Kundenanforderungen kann ich flexibel reagieren. | | | | | |
| 18. | Ich respektiere die Meinungen anderer und berücksichtige diese. | | | | | |
| 19. | Neue Informationen haben mich schon öfter dazu veranlasst, meine Meinung zu ändern. | | | | | |

| | | sehr zutreffend | überwiegend zutreffend | teilweise zutreffend | weniger zutreffend | kaum zutreffend |
|---|---|---|---|---|---|---|
| 20. | Ich mache keinen Hehl daraus, dass ich überdurchschnittliche Ergebnisse erreichen möchte. | | | | | |
| 21. | Ich habe eine Vision für die weitere Entwicklung meines Arbeitsbereiches. | | | | | |
| 22. | Ein authentischer und ehrlicher Auftritt ist für mich wichtig. | | | | | |
| 23. | Bei meiner Arbeit setze ich stets die richtigen Prioritäten. | | | | | |
| 24. | Feedback wird von mir aktiv eingefordert. | | | | | |
| 25. | Ich halte Kontakt zu Top-Entscheidern beim Kunden. | | | | | |
| 26. | Um Ziele zu erreichen, greife ich auch zu indirekter Beeinflussung über andere. | | | | | |
| 27. | Ich scheue mich nicht vor unkonventionellen Maßnahmen. | | | | | |
| 28. | Probleme müssen so schnell wie möglich geklärt werden. | | | | | |
| 29. | Bei der Weitergabe von Arbeitsaufträgen informiere ich detailliert und umfassend. | | | | | |

→ FORTSETZUNG AUF DER NÄCHSTEN SEITE

| | | sehr zutreffend | überwiegend zutreffend | teilweise zutreffend | weniger zutreffend | kaum zutreffend |
|---|---|---|---|---|---|---|
| 30. | Interessenskonflikte löse ich im Unternehmenssinn. | | | | | |
| 31. | Klare Qualitätsstandards sind für mich unverzichtbar. | | | | | |
| 32. | Auch in schwierigen Verhandlungssituationen fühle ich mich wohl. | | | | | |
| 33. | In Gesprächen nutze ich neben Sachargumenten auch andere Überzeugungsmethoden. | | | | | |
| 34. | Meine Erwartungen an Mitarbeiter formuliere ich klar und eindeutig. | | | | | |
| 35. | Es gelingt mir, auch zu schwierigen Kunden eine persönliche Beziehung aufzubauen. | | | | | |
| 36. | Ich ermutige andere zum offenen Meinungsaustausch. | | | | | |
| 37. | Ich gelte als begeisterungsfähig. | | | | | |
| 38. | Ich kenne mich im Unternehmen über meinen eigenen Arbeitsbereich hinaus aus. | | | | | |
| 39. | Zusätzliche Aufgaben zu übernehmen sehe ich als eine persönliche Chance. | | | | | |

| | | sehr zutreffend | überwiegend zutreffend | teilweise zutreffend | weniger zutreffend | kaum zutreffend |
|---|---|---|---|---|---|---|
| 40. | Die Stärken und Schwächen von Mitbewerbern arbeite ich aktiv heraus. | | | | | |
| 41. | Ich verfüge über Akquisitionsstärke. | | | | | |
| 42. | Als Führungskraft puffere ich den Druck ab, der auf Mitarbeitern lastet. | | | | | |
| 43. | Vertriebskonzepte entwickele ich sorgfältig und praxisnah. | | | | | |
| 44. | Ich stelle mich gerne dem Wettbewerb. | | | | | |
| 45. | Die Kompetenzen meiner Mitarbeiter habe ich stets vor Augen. | | | | | |
| 46. | Es ist mir ein Bedürfnis, die vom Kunden gestellten Erwartungen zu übertreffen. | | | | | |
| 47. | Differierende Standpunkte sind für mich eher ein Gewinn als ein Risiko. | | | | | |
| 48. | Es ist mir wichtig, Arbeitsprozesse zu optimieren. | | | | | |
| 49. | Ich vertraue auf meine Fähigkeiten und gehe Herausforderungen direkt an. | | | | | |
| 50. | Ich kümmere mich um die Balance zwischen dem Privatleben und dem beruflichen Engagement meiner Mitarbeiter. | | | | | |

→ FORTSETZUNG AUF DER NÄCHSTEN SEITE

| | | sehr zutreffend | überwiegend zutreffend | teilweise zutreffend | weniger zutreffend | kaum zutreffend |
|---|---|---|---|---|---|---|
| 51. | Langfristige Geschäftsbeziehungen sind mir wichtiger als schnell zu erzielende Gewinne. | | | | | |
| 52. | Ich kenne meine Wirkung auf andere und bin mir meiner Stärken und Schwächen bewusst. | | | | | |
| 53. | Ich weiß oft eher, was der Kunde benötigt, als er selbst. | | | | | |
| 54. | Meine Abschlussrate ist mir wichtig. | | | | | |
| 55. | Es gelingt mir, Vertrauen zu wecken. | | | | | |
| 56. | Arbeitsergebnisse kontrolliere ich zeitnah. | | | | | |
| 57. | Im Zweifel entscheide ich mich gegen meine Interessen, um eine Sache voranzubringen. | | | | | |
| 58. | Bei Meinungsverschiedenheiten nutze ich meinen Status im Unternehmen. | | | | | |
| 59. | Ich pflege auch Kundenkontakte, die nicht für einen Geschäftsabschluss wichtig sind. | | | | | |
| 60. | Ich nutze meine persönliche Ausstrahlung, um berufliche Ziele zu erreichen. | | | | | |

| | | sehr zutreffend | überwiegend zutreffend | teilweise zutreffend | weniger zutreffend | kaum zutreffend |
|---|---|---|---|---|---|---|
| 61. | Ich scheue mich nicht davor, bei Konflikten externe Spezialisten einzuschalten. | | | | | |
| 62. | Bei Verhandlungen gelingt es mir, zufriedenstellende Lösungen zu finden. | | | | | |
| 63. | Bei gesellschaftlichen Anlässen trete ich sicher und souverän auf. | | | | | |
| 64. | Die hohe Auslastung von Mitarbeiterkapazitäten ist für mich wichtig. | | | | | |
| 65. | Die Stimmung am Arbeitsplatz beeinflusst meine Leistungsfähigkeit nicht. | | | | | |
| 66. | Präsentationstechniken setze ich souverän und aufgabenspezifisch ein. | | | | | |
| 67. | Über aktuelle Marktentwicklungen halte ich mich auf dem Laufenden. | | | | | |
| 68. | Ich führe regelmäßig Teammeetings durch. | | | | | |
| 69. | In Auseinandersetzungen verhalte ich mich taktvoll und höflich. | | | | | |

→ FORTSETZUNG AUF DER NÄCHSTEN SEITE

| | | sehr zutreffend | überwiegend zutreffend | teilweise zutreffend | weniger zutreffend | kaum zutreffend |
|---|---|---|---|---|---|---|
| 70. | Ich übernehme Herausforderungen auch dann, wenn sie mit persönlichen Risiken verbunden sind. | | | | | |

Auswertung des Persönlichkeitstests Führung – Vertrieb – Leistung

Wie Sie vielleicht schon beim Ausfüllen festgestellt haben, zielen einzelne Aussagen auf bestimmte Merkmale ab. Es geht um diese sieben Dimensionen:

- → **Kommunikationsverhalten,**
- → **Konfliktfähigkeit,**
- → **Kundenorientierung,**
- → **Führungskompetenz,**
- → **Vertriebsausrichtung,**
- → **unternehmerisches Denken,**
- → **Ergebnisorientierung.**

Die einzelnen Fragen sind den verschiedenen Dimensionen folgendermaßen zugeordnet:

- → **Kommunikationsverhalten: 2, 7, 16, 22, 26, 27, 33, 37, 52, 66**
- → **Konfliktfähigkeit: 3, 11, 18, 19, 28, 36, 47, 58, 61, 69**
- → **Kundenorientierung: 4, 17, 35, 44, 46, 51, 53, 59, 62, 67**
- → **Führungskompetenz: 5, 13, 24, 29, 34, 42, 45, 50, 56, 68**
- → **Vertriebsausrichtung: 9, 14, 25, 32, 40, 41, 43, 54, 55, 63**
- → **unternehmerisches Denken: 6, 10, 12, 21, 30, 38, 48, 57, 64, 70**
- → **Ergebnisorientierung: 1, 8, 15, 20, 23, 31, 39, 49, 60, 65**

Ermitteln Sie nun Ihr individuelles Ergebnis, indem Sie Punkte für Ihre Einschätzungen vergeben. Für »sehr zutreffend« gibt es fünf Punkte, für »überwiegend zutreffend« vier Punkte, für »teilweise zutreffend« drei Punkte, für »weniger zutreffend« zwei Punkte und für »kaum zutreffend« einen Punkt.

Im zweiten Schritt der Auswertung addieren Sie die Punkte innerhalb der einzelnen Dimensionen. Beispiel: Um Ihr Kommunikationsverhalten zu bewerten, müssen Sie die Ergebnisse aus den Fragen 2, 7, 16, 22, 26, 27, 33, 37, 52 und 66 addieren. Da Sie für jede Frage einen bis fünf Punkte erhalten, können Sie für diese Dimension maximal 50 Punkte und minimal zehn Punkte erzielen.

**Ihr Kommunikationsverhalten:**

| 2 | 7 | 16 | 22 | 26 | 27 | 33 | 37 | 52 | 66 | Ergebnis |
|---|---|---|---|---|---|---|---|---|---|---|
| | | | | | | | | | | |

**Ihre Konfliktfähigkeit:**

| 3 | 11 | 18 | 19 | 28 | 36 | 47 | 58 | 61 | 69 | Ergebnis |
|---|---|---|---|---|---|---|---|---|---|---|
| | | | | | | | | | | |

**Ihre Kundenorientierung:**

| 4 | 17 | 35 | 44 | 46 | 51 | 53 | 59 | 62 | 67 | Ergebnis |
|---|---|---|---|---|---|---|---|---|---|---|
| | | | | | | | | | | |

**Ihre Führungskompetenz:**

| 5 | 13 | 24 | 29 | 34 | 42 | 45 | 50 | 56 | 68 | Ergebnis |
|---|---|---|---|---|---|---|---|---|---|---|
| | | | | | | | | | | |

**Ihre Vertriebsausrichtung:**

| 9 | 14 | 25 | 32 | 40 | 41 | 43 | 54 | 55 | 63 | Ergebnis |
|---|---|---|---|---|---|---|---|---|---|---|
| | | | | | | | | | | |

**Ihr unternehmerisches Denken:**

| 6 | 10 | 12 | 21 | 30 | 38 | 48 | 57 | 64 | 70 | Ergebnis |
|---|---|---|---|---|---|---|---|---|---|---|
| | | | | | | | | | | |

→ FORTSETZUNG AUF DER NÄCHSTEN SEITE

**Ihre Ergebnisorientierung:**

| 1 | 8 | 15 | 20 | 23 | 31 | 39 | 49 | 60 | 65 | Ergebnis |
|---|---|---|---|---|---|---|---|---|---|---|
| | | | | | | | | | | |

Übertragen Sie nun Ihre Einzelergebnisse in die folgende Tabelle. Machen Sie für jede der sieben Dimensionen ein Kreuz in der Spalte, in der sich Ihr jeweiliger Punktwert befindet. Wenn Sie dann die sieben Kreuze miteinander verbinden, erhalten Sie ein Persönlichkeitsprofil, wie es sich auch beim Persönlichkeitstest im AC aus Ihren Antworten ergeben würde.

**Ihr Gesamtergebnis**

| | 50–43 | 42–35 | 34–26 | 25–18 | 17–10 | |
|---|---|---|---|---|---|---|
| kommunikationsstark | | | | | | unkommunikativ |
| konfliktorientiert | | | | | | harmonieorientiert |
| kundenbezogen | | | | | | kundenabgewandt |
| führungsstark | | | | | | führungsschwach |
| Vertriebstalent | | | | | | vertriebsschwach |
| Unternehmer | | | | | | Weisungsempfänger |
| Macher | | | | | | passiv ausgerichtet |

Damit Sie Ihr Ergebnis besser einschätzen können, zeigen wir Ihnen nun als Beispiel zwei Profile: zum einen das einer Führungskraft und zum anderen das eines Vertriebsmitarbeiters.

BEISPIEL

## Profil einer Führungskraft

| | 50–43 | 42–35 | 34–26 | 25–18 | 17–10 | |
|---|---|---|---|---|---|---|
| kommunikationsstark | x | | | | | unkommunikativ |
| konfliktorientiert | | x | | | | harmonieorientiert |
| kundenbezogen | | x | | | | kundenabgewandt |
| führungsstark | x | | | | | führungsschwach |
| Vertriebstalent | | | x | | | vertriebsschwach |
| Unternehmer | x | | | | | Weisungsempfänger |
| Macher | | x | | | | passiv ausgerichtet |

BEISPIEL

## Profil eines Vertriebsmitarbeiters

| | 50–43 | 42–35 | 34–26 | 25–18 | 17–10 | |
|---|---|---|---|---|---|---|
| kommunikationsstark | | x | | | | unkommunikativ |
| konfliktorientiert | | | x | | | harmonieorientiert |
| kundenbezogen | x | | | | | Kundenabgewandt |
| führungsstark | | | x | | | führungsschwach |
| Vertriebstalent | x | | | | | vertriebsschwach |
| Unternehmer | | | x | | | Weisungsempfänger |
| Macher | | x | | | | passiv ausgerichtet |

Sie sehen, dass die Beispielprofile nur Näherungswerte geben können. Je nach Einsatzbereich, Branche und Unternehmensphilosophie sind die Anforderungen unterschiedlich gewichtet. Wichtig ist, beim Persönlichkeitstest zu zeigen, dass Sie wissen, worauf es in der neuen Position ankommt. Zeichnen Sie ein positives Bild Ihrer Persönlichkeit und bewerten Sie sich besonders bei den Dimensionen positiv, die für die ausgeschriebene Stelle wichtig sind.

### Konzentrations- und Leistungstest I: »d«, »b«, »p« und »q«

Wir werden Sie jetzt mit Konzentrations- und Leistungstests vertraut machen. Zunächst wartet ein Klassiker auf Sie: der sogenannte d-b-p-q-Test.

Ihre Aufgabe besteht darin, alle Buchstaben »d« und »p« durchzustreichen. Sie haben dafür zwei Minuten Zeit. Die Lösung für diesen Konzentrationstest finden Sie am Ende dieses Kapitels.

In der Testpraxis sind Konzentrationstests natürlich wesentlich länger. Wenn Sie eine umfangreichere Version durcharbeiten möchten, kopieren Sie einfach die folgende Seite fünfmal und setzen sich dann ein Zeitlimit von zehn Minuten für die Bearbeitung. Falls Sie eine weitere Verschärfung ausprobieren möchten, sollten Sie nicht nur die Buchstaben »d« und »p« durchstreichen, sondern zusätzlich notieren, wie oft Sie jeweils das »d« und das »p« im gesamten Test gefunden haben.

## Übung: d-b-p-q-Test

q q b q q b p b q p b b q d q p d d b p q d p q b p d b p d p d q b p q d b p q p b d q b
p d q b d q b p d b d q p b q p d b p b q d d b q p b q d q p b d q d d p b q d b p b q p
b b q d q p d d b p q d p q b p d b p d p d q b p q d b p q p b d q b p d d p q b b d p q
q b d p q b b d p q d b p d d p q b b d p q q q b p p d q q q b p p d q q q b p p d q b p
d b d p q b b d p q q b q q b p b q p d p d q b d q b p d d p q b b d p q q q b p d p q b
p d p d q b b p q d b p d b p p b p b d b d q p b b p q p b d q b d p q b d q p b q d b d
p q b p q q q b p d b q d p p b d b q b q d p q d b p q d p b q d b d q p b d d b q d p p
d q p q b d b q d p b p q q b p d q d p p b q b p d q b q p q d p b q b p d d q p b q d b
p q d q q d p d b q b d p p q d b q d b q d q q p b q b q d p p q d q b b d p q b d b d q
b q p d d p p q d d b p p q b p p q b p d p b d q p b q d b q p d q b d q b q d p b d d q
q b d q b p d b d q p b q p d b p b q d d p p q d b q d b q b d b q d p b p d q p b d q d
d q b p q d b p q p b d q b p d b d q p b q d b q p d q b d q b q d p b d d p p q d b q d
b p p q b p p q b p d p b d q p b q d b q p d q b d q b q d p b d d q q b d b q d p b p d
d b q d p b p q q b p d q d p p b q b p d q b q p q d p b q b p d d q p b q d b q b d b q
d d b p p q b p p q b p d p b b p q d b p q p b d q b p d b d q p b q d b q p d q p b d q
q b d b q d p b p b p p q b p p q b p d p b d q p b q d b q p d q b d q b q d p b d d q b
p q p b d q b p d d p q b b d p q q b d p q b b d p q d b p d d p q b b d p q q q b p p d
q d q p b d q q b p p q b p p q b p d p b d q p b q d b q p d q b d q b q d p b d d q b b
p d d p p q d d b p p q b p p q b d q b p q d b p q p b d q b p d p q d q q d p d b q b d

**Konzentrations- und Leistungstest II: Rechnen mit Wörtern**

Auch der folgende Test wird in dieser oder in ähnlicher Form gerne eingesetzt.

Er besteht aus 100 Wörtern, die in Zweiergruppen zusammengefasst sind. Ihre Aufgabe ist es nun, die einzelnen Buchstaben durch Zahlenwerte zu ersetzen und zu addieren. Dann haben Sie für jedes Wort eine Summe errechnet. Ziehen Sie im nächsten Schritt die kleinere Zahl von der größeren ab.

Dies sind die Regeln für die Zuordnung von Zahlenwerten zu den einzelnen Buchstaben:

- **Konsonanten (b, c, d, f, g, usw.) entsprechen der Ziffer Eins**
- **Vokale (a, e, i, o, u) entsprechen der Ziffer Zwei**
- **Umlaute (ä, ö, ü) entsprechen der Ziffer Drei**
- **Trenn- und Bindestriche entsprechen der Ziffer Null**

BEISPIEL

Hier ein Beispiel für die Umrechnung anhand des Wortpaares »Umsatz« und »SAP«:
Umsatz: U (2) + m (1) + s (1) + a (2) + t (1) + z (1) = 8;
2+1+1+2+1+1= 8
SAP: S (1)+ A (2) +P (1) = 4; 1+2+1= 4
8–4= 4
**Ergebnis: 4**

Das obige Beispiel soll nur die Vorgehensweise erläutern helfen. Sie müssen im folgenden Test alle Rechenschritte im Kopf durchführen. Die einzige Zahl, die Sie notieren dürfen, ist das Endergebnis.

Damit Ihnen die Vorgehensweise klar wird, haben wir das erste Wortpaar »Change« und »Definition« aus dem Test auf der folgenden Seite noch einmal exemplarisch durchgerechnet. Sie dürfen die Zwischenschritte aber nicht aufschreiben, sondern nur das Endergebnis. Demnach wird für das Wortpaar »Change« und »Definition« die Zahl Sieben in der äußersten rechten Spalte eingetragen.

Nun sind Sie an der Reihe: Für die Bearbeitung des Tests haben Sie zehn Minuten Zeit. (Achtung: Sie müssen die Rechenschritte in den beiden mittleren Spalten im Kopf durchführen!)

ÜBUNG

## Übung: Rechnen mit Wörtern

| | | | |
|---|---|---|---|
| Change<br>Definition | 1+1+2+1+1+2=8<br>1+2+1+2+1+2+1+2+2+1=15 | 15–8=7 | 7 |
| Strategy<br>Planung | | | |
| Consulting<br>Personal | | | |

| | | | |
|---|---|---|---|
| Transparenz<br>Mitarbeiter | | | |
| Leader<br>Kollege | | | |
| Informationen<br>Lieferant | | | |
| Business<br>extern | | | |
| Government<br>intern | | | |
| Competence<br>Joint | | | |
| Venture<br>Interview | | | |
| Due<br>Diligence | | | |
| Consumer<br>operativ | | | |
| Kritik<br>Practice | | | |
| Kundenbindung<br>Software | | | |
| IT<br>Beobachter | | | |
| Engineering<br>Feedback | | | |
| Einführung<br>System | | | |
| Marketing<br>Kundenzufrieden-<br>heit | | | |
| Controlling<br>Relevanz | | | |
| University<br>Kriterien | | | |
| Environment<br>Wettbewerbsdruck | | | |

→ FORTSETZUNG AUF DER NÄCHSTEN SEITE

| | | | |
|---|---|---|---|
| Science<br>Innovation | | | |
| Training<br>Globalisierung | | | |
| Workshop<br>Mergers | | | |
| Worldwide<br>Idee | | | |
| Balanced<br>Scorecard | | | |
| Consultants<br>CFO | | | |
| Kosten<br>E-Commerce | | | |
| Fee<br>Reorganisation | | | |
| Integration<br>Outsourcing | | | |
| Market<br>Profit | | | |
| Pricing<br>Optimierung | | | |
| Key<br>Competencies | | | |
| Corporate<br>Leadership | | | |
| Identity<br>Balance | | | |
| Shareholder<br>Investition | | | |
| CEO<br>Value | | | |
| Management<br>Partner | | | |
| Profil<br>Junior | | | |

| | | | |
|---|---|---|---|
| Qualifikation<br>Konsolidierung | | | |
| Portfolio<br>Chain | | | |
| Exits<br>Workflow | | | |
| Mentor<br>Client | | | |
| Event<br>Kommunikation | | | |
| Senior<br>Channel | | | |
| Implementierung<br>MBA | | | |
| Evaluierung<br>Pläne | | | |
| Transformation<br>Services | | | |
| Steigerung<br>Projekt | | | |
| Budget<br>Research | | | |

## Lösungen zu den Konzentrations- und Leistungstests

Lösung zu Test I: »d«, »b«, »p« und »q«

q q b q q b p b q p b b q d q p d d b p q d p q b p d b p d p d q b p q d b p q p b d q b

p d q b d q b p d b d q p b q p d b p b q d d b q p b q d q p b d q d d p b q d b p b q p

b b q d q p d d b p q d p q b p d b p d p d q b p q d b p q p b d q b p d d p q b b d p q

q b d p q b b d p q d b p d d p q b b d p q q q b p p d q q q b p p d q q q b p p d q b p

d b d p q b b d p q q b q q b p b q p d p d q b d q b p d d p q b b d p q q q b p d p q b

p d p d q b b p q d b p d b p p b p b d b d q p b b p q p b d q b d p q b d q p b q d b d

p q b p q q q b p d b q d p p b d b q b q d p q d b p q d p b q d b d q p b d d b q d p p

d q p q b d b q d p b p q q b p d q d p p b q b p d q b q p q d p b q b p d d q p b q d b

p q d q q d p d b q b d p p q d b q d b q d q q p b q b q d p p q d q b b d p q b d b d q

b q p d d p p q d d b p p q b p p q b p d p b d q p b q d b q p d q b d q b q d p b d d q

q b d q b p d b d q p b q p d b p b q d d p p q d b q d b q b d b q d p b p d q p b d q d

d q b p q d b p q p b d q b p d b d q p b q d b q p d q b d q b q d p b d d p p q d b q d

b p p q b p p q b p d p b d q p b q d b q p d q b d q b q d p b d d q q b d b q d p b p d

d b q d p b p q q b p d q d p p b q b p d q b q p q d p b q b p d d q p b q d b q b d b q

d d b p p q b p p q b p d p b b p q d b p q p b d q b p d b d q p b q d b q p d q p b d q

q b d b q d p b p b p p q b p p q b p d p b d q p b q d b q p d q b d q b q d p b d d q b

p q p b d q b p d d p q b b d p q q b d p q b b d p q d b p d d p q b b d p q q q b p p d

q d q p b d q q b p p q b p p q b p d p b d q p b q d b q p d q b d q b q d p b d d q b b

p d d p p q d d b p p q b p p q b d q b p q d b p q p b d q b p d p q d q q d p d b q b d

*Verschärfte Version*

Hier noch ein Bearbeitungstipp für die verschärfte Version: Wenn Sie die Gesamtanzahl der Buchstaben »d« und »p« notieren wollen, sollten Sie während der Bearbeitung neben jeder Zeile die Anzahl der durchgestrichenen Buchstaben vermerken. Ganz zum Schluss addieren Sie dann die Zwischenergebnisse.

## Lösung zu Test II: Rechnen mit Wörtern

| | | |
|---|---|---|
| Change<br>Definition | 1+1+2+1+1+2=8<br>1+2+1+2+1+2+1+2+2+1=15 | 15–8=7 |
| Strategy<br>Planung | 1+1+1+2+1+2+1+1=10<br>1+1+2+1+2+1+1=9 | 10–9=1 |
| Consulting<br>Personal | 1+2+1+1+2+1+1+2+1+1=13<br>1+2+1+1+2+1+2+1=11 | 13–11=2 |
| Transparenz<br>Mitarbeiter | 1+1+2+1+1+1+2+1+2+1+1=14<br>1+2+1+2+1+1+2+2+1+2+1=16 | 16–14=2 |
| Leader<br>Kollege | 1+2+2+1+2+1=9<br>1+2+1+1+2+1+2=10 | 10–9=1 |
| Informationen<br>Lieferant | 2+1+1+2+1+1+2+1+2+2+1+2+1=19<br>1+2+2+1+2+1+2+1+1=13 | 19–13=6 |
| Business<br>extern | 1+2+1+2+1+2+1+1=11<br>2+1+1+2+1+1=8 | 11–8=3 |
| Government<br>intern | 1+2+1+2+1+1+1+2+1+1=13<br>2+1+1+2+1+1=8 | 13–8=5 |
| Competence<br>Joint | 1+2+1+1+2+1+2+1+1+2=14<br>1+2+2+1+1=7 | 14–7=7 |
| Venture<br>Interview | 1+2+1+1+2+1+2=10<br>2+1+1+2+1+1+2+2+1=13 | 13–10=3 |
| Due<br>Diligence | 1+2+2=5<br>1+2+1+2+1+2+1+1+2=13 | 13–5=8 |
| Consumer<br>operativ | 1+2+1+1+2+1+2+1=11<br>2+1+2+1+2+1+2+1=12 | 12–11=1 |
| Kritik<br>Practice | 1+1+2+1+2+1=8<br>1+1+2+1+1+2+1+2=11 | 11–8=3 |
| Kundenbindung<br>Software | 1+2+1+1+2+1+1+2+1+1+2+1+1=17<br>1+2+1+1+1+2+1+2=11 | 17–11=6 |
| IT<br>Beobachter | 2+1=3<br>1+2+2+1+2+1+1+1+2+1=14 | 14–3=1 |
| Engineering<br>Feedback | 2+1+1+2+1+2+2+1+2+1+1=16<br>1+2+2+1+1+2+1+1=11 | 16–11=5 |
| Einführung<br>System | 2+2+1+1+3+1+1+2+1+1=15<br>1+1+1+1+2+1=7 | 15–7=8 |

› FORTSETZUNG AUF DER NÄCHSTEN SEITE

| | | |
|---|---|---|
| Marketing<br>Kundenzufriedenheit | 1+2+1+1+2+1+2+1+1=12<br>1+2+1+1+2+1+1+2+1+1+2+2+1+2+1+1+2+2+1=27 | 27–12=15 |
| Controlling<br>Relevanz | 1+2+1+1+1+2+1+1+2+1+1=14<br>1+2+1+2+1+2+1+1=11 | 14–11=3 |
| University<br>Kriterien | 2+1+2+1+2+1+1+2+1+1=14<br>1+1+2+1+2+1+2+2+1=13 | 14–13=1 |
| Environment<br>Wettbewerbsdruck | 2+1+1+2+1+2+1+1+2+1+1=15<br>1+2+1+1+1+2+1+2+1+1+1+1+1+2+1+1=20 | 20–15=5 |
| Science<br>Innovation | 1+1+2+2+1+1+2=10<br>2+1+1+2+1+2+1+2+2+1=15 | 15–10=5 |
| Training<br>Globalisierung | 1+1+2+2+1+2+1+1=11<br>1+1+2+1+2+1+2+1+2+2+1+2+1+1=20 | 20–11=9 |
| Workshop<br>Mergers | 1+2+1+1+1+1+2+1=10<br>1+2+1+1+2+1+1=9 | 10–9=1 |
| Worldwide<br>Idee | 1+2+1+1+1+1+2+1+2=12<br>2+1+2+2=7 | 12–7=5 |
| Balanced<br>Scorecard | 1+2+1+2+1+1+2+1=11<br>1+1+2+1+2+1+2+1+1=12 | 12–11=1 |
| Consultants<br>CFO | 1+2+1+1+2+1+1+2+1+1+1=14<br>1+1+2=4 | 14–4=10 |
| Kosten<br>E-Commerce | 1+2+1+1+2+1=8<br>2+1+2+1+1+2+1+1+2=13 | 13–8=5 |
| Fee<br>Reorganisation | 1+2+2=5<br>1+2+2+1+1+2+1+2+1+2+1+2+2+1=21 | 21–5=16 |
| Integration<br>Outsourcing | 2+1+1+2+1+1+2+1+2+2+1=16<br>2+2+1+1+2+2+1+1+2+1+1=16 | 16–16=0 |
| Market<br>Profit | 1+2+1+1+2+1=8<br>1+1+2+1+2+1=8 | 8–8=0 |
| Pricing<br>Optimierung | 1+1+2+1+2+1+1=9<br>2+1+1+2+1+2+2+1+2+1+1=16 | 16–9=7 |
| Key<br>Competencies | 1+2+1=4<br>1+2+1+1+2+1+2+1+1+2+2+1=17 | 17–4=13 |
| Corporate<br>Leadership | 1+2+1+1+2+1+2+1+2=13<br>1+2+2+1+2+1+1+1+2+1=14 | 14–13=1 |
| Identity<br>Balance | 2+1+2+1+1+2+1+1=11<br>1+2+1+2+1+1+2=10 | 11–10=1 |

| | | |
|---|---|---|
| Shareholder<br>Investition | 1+1+2+1+2+1+2+1+1+2+1=15<br>2+1+1+2+1+1+2+1+2+2+1=16 | 16–15=1 |
| CEO<br>Value | 1+2+2=5<br>1+2+1+2+2=8 | 8–5=3 |
| Management<br>Partner | 1+2+1+2+1+2+1+2+1+1=14<br>1+2+1+1+1+2+1=9 | 14–9=5 |
| Profil<br>Junior | 1+1+2+1+2+1=8<br>1+2+1+2+2+1=9 | 9–8=1 |
| Qualifikation<br>Konsolidierung | 1+2+2+1+2+1+2+1+2+1+2+2+1=20<br>1+2+1+1+2+1+2+1+2+2+1+2+1+1=20 | 20–20=0 |
| Portfolio<br>Chain | 1+2+1+1+1+2+1+2+2=13<br>1+1+2+2+1=7 | 13–7=6 |
| Exits<br>Workflow | 2+1+2+1+1=7<br>1+2+1+1+1+1+2+1=10 | 10–7=3 |
| Mentor<br>Client | 1+2+1+1+2+1=8<br>1+1+2+2+1+1=8 | 8–8=0 |
| Event<br>Kommunikation | 2+1+2+1+1=7<br>1+2+1+1+2+1+2+1+2+1+2+2+1=19 | 19–7=12 |
| Senior<br>Channel | 1+2+1+2+2+1=9<br>1+1+2+1+1+2+1=9 | 9–9=0 |
| Implementierung<br>MBA | 2+1+1+1+2+1+2+1+1+2+2+1+2+1+1=21<br>1+1+2=4 | 21–4=17 |
| Evaluierung<br>Pläne | 2+1+2+1+2+2+2+1+2+1+1=17<br>1+1+3+1+2=8 | 17–8=9 |
| Transformation<br>Services | 1+1+2+1+1+1+2+1+1+2+1+2+2+1=19<br>1+2+1+1+2+1+2+1=11 | 19–11=8 |
| Steigerung<br>Projekt | 1+1+2+2+1+2+1+2+1+1=14<br>1+1+2+1+2+1+1=9 | 14–9=5 |
| Budget<br>Research | 1+2+1+1+2+1=8<br>1+2+1+2+2+1+1+1=11 | 11–8=3 |

CHECKLISTE

## Checkliste Test

- ◯ Tests werden im Assessment-Center eher selten eingesetzt, da in erster Linie beobachtbares Verhalten der Kandidatinnen und Kandidaten geprüft werden soll.
- ◯ Manche Unternehmen setzen zusätzlich Tests ein, um damit eine weitere Beurteilungsperspektive zu gewinnen.
- ◯ Nicht immer schreiben Unternehmen den Tests besondere Aussagekraft zu. Manchmal geht es schlichtweg darum, die Kandidaten permanent unter Druck zu setzen.
- ◯ Persönlichkeitstests werden im Assessment-Center eingesetzt, um das Selbstbild des Kandidaten zu erfragen.
- ◯ In Persönlichkeitstests werden unterschiedliche Persönlichkeitsdimensionen überprüft.
- ◯ Um in die engere Auswahl zu kommen, sollten Sie mit Ihrem Ergebnis das vom Unternehmen gewünschte Profil für eine bestimmte Position im Unternehmen treffen.
- ◯ Sowohl eine durchgängig hervorragende Selbsteinschätzung als auch eine Selbstabwertung ruft bei den Beobachtern Skepsis hervor.
- ◯ Liefern Sie eine gute, aber realistische Einschätzung Ihres Profils.
- ◯ Konzentrations- und Leistungstests werden eingesetzt, um die Stressresistenz und Frustrationstoleranz der Kandidaten zu überprüfen.
- ◯ Konzentrations- und Leistungstests lassen sich in der vorgegebenen Zeit üblicherweise nicht vollständig lösen.

- ◯ Machen Sie sich mit den typischen Aufgabenstellungen von Konzentrations- und Leistungstests vertraut, damit Sie im Ernstfall möglichst wenig Zeit darauf verwenden müssen, die Aufgabe zu verstehen.

# Postkorb: Punkten Sie mit Organisationstalent

**Postkorb-Übungen werden in etwa jedem zweiten Assessment-Center eingesetzt. In dieser Übung müssen die Kandidatinnen und Kandidaten unter Zeitdruck Entscheidungen treffen. Sie erhalten zahlreiche Schriftstücke, die sie sichten und bewerten sollen. Die Schriftstücke enthalten Informationen aus beruflichen und zum Teil auch privaten Zusammenhängen. Die Teilnehmer müssen sich also quasi durch die Ablage kämpfen, daher der Name Postkorb. Heutzutage werden Postkörbe auch gerne am PC durchgeführt. Dann übernehmen E-Mails die Funktion der Schriftstücke des klassischen Postkorbs.**

### Warum wird diese Übung eingesetzt?

*Wichtiges von Unwichtigem trennen*

Oftmals bilden Postkörbe ein berufliches Szenario nach. Die Aufgabe der Kandidaten besteht darin, eine Position wie die des Geschäftsführers, Projektleiters oder Abteilungsleiters zu übernehmen und aus dieser heraus zu agieren. In der Berufspraxis geht es für Führungskräfte ja auch ständig darum, wichtige von unwichtigen Informationen zu trennen, aus Detailinformationen ein Gesamtbild zusammenzusetzen und Aufgaben an Mitarbeiter zu delegieren. Bei berufsnahen Postkörben handelt es sich also um eine Arbeitsprobe, mit der das Unternehmen testet, ob Sie analytisch und vernetzt denken können, Organisationstalent haben und nicht zuletzt auch, wie belastbar Sie sind.

### Worauf achten die Beobachter?

Die Beobachter bewerten das Endergebnis: Die vom Kandidaten getroffenen und schriftlich fixierten Entscheidungen werden mit der Ideallösung abgeglichen. Dabei gibt es durchaus alternative Lösungsmöglichkeiten. Oft werden die AC-Teilnehmer nach der Auswertung ihres Postkorbergebnisses gebeten, zu ihren einzelnen Entscheidungen Stellung zu nehmen. Dabei ist für die Beobachter wichtig, dass Ihre Gedankengänge schlüssig sind und Sie auf Nachfragen ruhig und überlegt reagieren.

*Können Sie delegieren?*

Wenn der Postkorb aus einem beruflichen Szenario stammt, erwarten die Beobachter, dass Sie auch aus der in der Übung »Postkorb« übernommenen Rolle heraus handeln. Wer beispielsweise bei der Rollenvorgabe als Abteilungsleiter entscheiden soll und dann alles selbst erledigen will, zeigt, dass er nicht über die für Führungskräfte wichtige Fähigkeit zu delegieren verfügt.

### Typische Fehler

Wenn Sie im Assessment-Center zum ersten Mal mit der Übung »Postkorb« konfrontiert werden, besteht die Gefahr, dass Sie sich keinen Gesamtüberblick verschaffen. Wer die Vorgänge der Reihe nach abarbeitet, stellt womöglich erst beim letzten Schriftstück fest, dass sich die geplante Dienstreise um zwei Tage verschiebt. Dann ist wertvolle Zeit verloren, und die bisherigen Ergebnisse müssen komplett überarbeitet werden. Dies ist wegen der knappen Zeitvorgabe dann aber häufig nicht mehr möglich.

Ferner werden miteinander zusammenhängende Informationen oft nicht als solche erkannt. Besondere Probleme haben hier oft Berufseinsteiger, die noch nicht so vertraut sind mit der Unternehmensorganisation, gängigen Delegationsmechnismen und den Befugnissen einzelner Stelleninhaber.

Beim Auswertungsgespräch mit den Beobachtern machen Kandidaten oft den Fehler, zu schnell von ihrem Ergebnis abzurücken, wenn man ihnen Fehler vorhält. Da es meist mehrere Lösungsmöglichkeiten gibt, sollten Sie auf alle Fälle Ihre Vorgehensweise und Ihre Entscheidungen begründen.

### Sinnvolle Strategien

*Verschaffen Sie sich einen Überblick*

Überfliegen Sie zunächst alle Schriftstücke, die man Ihnen vorgelegt hat. Wichtig ist bei der ersten Durchsicht, dass Sie erkennen und auch vermerken, welche Vorgänge zusammengehören oder sich gegenseitig bedingen. Um sich einen Überblick über alle Informationen zu verschaffen, sollten Sie mit einem Organigramm und Terminkalender arbeiten. Oftmals liegen diese dem Postkorb bei, sonst müssen Sie diese Hilfsmittel selbst erstellen. In den Unterlagen werden Sie auch Informationen finden, die für Sie irrelevant sind. Trennen Sie Wichtiges von Unwichtigem und Dringliches von nicht Dringlichem. Überlegen Sie, welche Vorgänge delegiert werden können und was Sie selbst übernehmen sollten.

Bewährt hat sich eine Entscheidungsmatrix mit vier Kategorien:

→ **Kategorie 1: Sehr wichtige und sehr dringliche Vorgänge müssen Sie selbst bearbeiten und Sie treffen hier eine Entscheidung.**
→ **Kategorie 2: Bei sehr wichtigen, aber weniger dringlichen Vorgängen sollten Sie sich die Entscheidung vorbehalten und auf einen späteren Termin verschieben.**
→ **Kategorie 3: Weniger wichtige, aber dringliche Vorgänge sollten Sie an Mitarbeiter delegieren.**
→ **Kategorie 4: Unwichtige und nicht dringliche Vorgänge sind Zeitfallen, auf die Sie beim Durchsehen nur kurz eingehen und die Sie dann ebenfalls delegieren sollten.**

Damit Sie sich mit dieser Übung schon jetzt vertraut machen können, haben wir für Sie ein Beispiel für einen Postkorb ausgearbeitet. Für die Bearbeitung des Postkorbs haben Sie 30 Minuten Zeit.

ÜBUNG

## Postkorb-Übung

**Ausgangssituation**

Sie sind Herr Felix Svensson und Hauptgeschäftsführer der Industrie- und Handelskammer. Sie begleiten ab heute den Wirtschaftsminister zusammen mit führenden Vertretern von Unternehmen und Wirtschaftsverbänden auf einer zweiwöchigen Reise in die Ukraine. Dort kann man Sie nicht erreichen. Heute ist Dienstag, der 12. Juli. Sie sind heute Morgen sehr früh in Ihr Büro in die IHK gefahren, es ist 4.30 Uhr. Sie haben 30 Minuten

Zeit, um Ihre Termine zu koordinieren und die für Sie eingegangenen Nachrichten zu bearbeiten. Um 5 Uhr holt Sie ein Taxi von der IHK ab, das Sie direkt zum Flughafen bringt. Am Montag, dem 25. Juli, sind Sie von Ihrer Reise zurück.
Bei Ihrer Arbeit in der IHK unterstützt Sie Ihr persönlicher Referent, Herr Zima. Die Sekretärin, Frau Dennenwaldt, ist sowohl für Sie als auch für die Abteilung für Außenwirtschaft zuständig. Personalleiterin ist Frau Kanupka.
In Ihrer Ablage finden Sie Notizen, Ausdrucke von E-Mails, Briefe und Entscheidungsvorlagen. Nehmen Sie, soweit es Ihrer Meinung nach erforderlich ist, zu den einzelnen Vorgängen Stellung. Treffen Sie Entscheidungen, delegieren Sie, lassen Sie Termine vereinbaren. Geben Sie Ihre Lösungen zu den Notizen bitte in Schriftform ab.

**Notiz 1: Hausmitteilung per Brief**
Von: Stefanie Jürgens, Hauptabteilungsleiterin Außenwirtschaft
Lieber Felix,
hiermit lade ich Dich herzlich zu unserem Empfang anlässlich des 10-jährigen Bestehens unseres Arbeitskreises Wirtschaft in der Schule ein. Komm doch bitte am 19. Juli in den großen Kongresssaal. Um 11.15 Uhr geht es los.
Bis dann, Stefanie Jürgens

**Notiz 2: Brief**
Von: Oberbürgermeister
Sehr geehrter Herr Svensson,
der von Ihnen gewünschte Gesprächstermin mit dem Herrn Oberbürgermeister anlässlich der Neuauswei-

→ FORTSETZUNG AUF DER NÄCHSTEN SEITE

sung von Gewerbeflächen im Stadtgebiet am 26. Juli muss leider vorverlegt werden. Der Herr Oberbürgermeister hat nur am 21. Juli um 11.30 Uhr Zeit. Kommen Sie für das Gespräch bitte ins Rathaus.
Mit freundlichen Grüßen
Sekretariat des Oberbürgermeisters

..........................................................................................

**Notiz 3: Persönliche Mitteilung**
Von: Frau Dennenwaldt, Sekretariat
Sehr geehrter Herr Svensson,
schon wieder hat Frau Kanupka bei der Frühstückspause gesagt, dass Sie mehr außerhalb als innerhalb der IHK zu sehen sind. Das sollten Sie sich nicht länger gefallen lassen.
Mit freundlichen Grüßen
Ihre Frau Dennenwaldt

..........................................................................................

**Notiz 4: Telefonnotiz**
Von: Software GmbH
Die in der IHK benutzte Software muss angepasst werden. Unser Unternehmen hat eine kostengünstige Software entwickelt, die alle gängigen Datenformate unterstützt. Unsere Preise liegen 30 Prozent unter vergleichbaren Angeboten. Bitte vereinbaren Sie einen Präsentationstermin mit unserem Vertrieb.

..........................................................................................

**Notiz 5: E-Mail**
Von: Präsident der Unternehmensverbände
Sehr geehrter Herr Svensson,
für die Vorbereitung unserer gemeinsamen Stellungnahme zum Thema »Ausbildungsplatzabgabe für nichtausbildende Betriebe« bitte ich um die Zusendung der offiziellen Position der IHK bis zum 22. Juli. Der Ausschuss trifft sich dann wie besprochen mit Ihnen persönlich am 29. Juli.
Mit freundlichen Grüßen
Präsident

**Notiz 6: Telefonnotiz**
Von: Dennenwaldt
Anruf von Ihrem Kunsthändler. Ein hübscher Biedermeier-Sekretär, der Ihnen noch für Ihr Arbeitszimmer zu Hause fehlte, ist für 2000,– Euro zu bekommen. Der Sekretär ist für Sie bis zum 15. Juli reserviert. Wenn Sie bis dahin kein Interesse gezeigt haben, wird er an einen amerikanischen Sammler verkauft.

**Notiz 7: E-Mail**
Von: Handwerkskammer
An: Herrn Svensson
Am 13. Juli um 12.30 Uhr komme ich in die Kammer, um Ihren Standpunkt hinsichtlich der neuen Gefahrstoff-

→ FORTSETZUNG AUF DER NÄCHSTEN SEITE

verordnung bei Gefahrguttransporten der Klassen C, D und E kennen zu lernen.
Thomsen, Assistent für Presse- und Öffentlichkeitsarbeit

**Notiz 8: Postkarte**
Hallo Felix,
ich las neulich in der Zeitung, dass du richtig Karriere gemacht hast. Ich mache eine Woche Urlaub in deiner Stadt. Am 21. Juli schaue ich um 12 Uhr bei dir herein. Stell das Bier kalt, das erste Wiedersehen nach 30 Jahren muss begossen werden.
Dein alter Studienkollege Benedikt

**Notiz 9: E-Mail**
Von: Industrieblatt, Düsseldorf
An den Hauptgeschäftsführer der IHK, Herrn Felix Svensson
Sehr geehrter Herr Svensson,
am 20. Juli erscheint unser Industrieblatt mit einer Sonderbeilage, diesmal zum Thema »Wirtschaftsstandort Deutschland«. Wie in den Jahren zuvor möchten wir auch diesmal Ihre Meinung zu diesem aktuellen Thema in unseren Artikel einfließen lassen. Ich rufe Sie daher am 19. Juli um 11.10 Uhr an, um in einem 20-minütigen Gespräch wesentliche Aspekte zu klären. Vielleicht mailen Sie mir vorher wieder einen Gesprächsleitfaden, der

aktuelle Stichworte zu dem oben aufgeführten Thema enthält.
Mit freundlichen Grüßen
Ihre Susanne Schnell (Redakteurin)

**Notiz 10: Entscheidungsvorlage**
Von: Zima
Betrifft: Erneuerung der Sitzgelegenheiten und Tische im großen Saal
Es liegen zwei Angebote in der von Ihnen gewünschten Ausstattung vor. Das eine Angebot für 10 250 Euro und das andere für 8500 Euro. Wenn wir das zweite Angebot annehmen wollen, müssen wir beim Händler bis zum 14. Juli bestellen. Danach gelten die Sommeraktionspreise nicht mehr. Damit Sie sich ein Bild von den Tischen machen können, liegen Kataloge mit Fotos bei.

**Notiz 11: Brief**
Von: Bundesverband der Industrie- und Handelskammern
Betreff: Bundesweites Jahrestreffen der Geschäftsführerinnen und Geschäftsführer
Sehr geehrter Herr Svensson,
vom 10. bis zum 12. Oktober findet unser bundesweites Jahrestreffen statt, dieses Jahr turnusgemäß in Ihrer IHK. Damit möglichst viele der eingeladenen Gäste den Termin wahrnehmen können, geht unser Programm am

→ FORTSETZUNG AUF DER NÄCHSTEN SEITE

21. Juli in den Druck und wird ab dem 22. Juli versandt. Einzelne Punkte im Rahmenprogramm sind noch unklar. Ich nehme am 13. Juli am Kongress »Föderalismus und Europa?« in Ihrer Stadt teil. Die Mittagspause möchte ich nutzen, um mit Ihnen die noch offenen Punkte unseres Jahrestreffens zu klären. Ich werde gegen 12.45 Uhr bei Ihnen sein.
Mit freundlichen Grüßen
Hauptgeschäftsführer der Bundesvereinigung

**Notiz 12: Telefonnotiz**
Von: Zima
Anruf vom Staatssekretär aus dem Wirtschaftsministerium. Er wartet noch auf die von Ihnen zugesagte Tagesordnung für das Ausschusstreffen in der IHK zum Thema »Autofreie Innenstadt?« Aus Zeitgründen soll die Tagesordnung nicht mehr als sechs Punkte enthalten.

**Notiz 13: Brief**
Von: Bildungsakademie der Wirtschaft
Sehr geehrter Herr Svensson,
vielen Dank für den Termin am 13. Juli um 12 Uhr, den mir Ihre Sekretärin kurzfristig eingeräumt hat. Für die Computerfortbildungen und die Fortbildungen in den Bereichen Präsentation und Moderation sind noch jeweils zwei Plätze frei. Wir sollten in unserem Gespräch

klären, an welchen Kursen Sie teilnehmen und wer sonst noch aus der IHK infrage kommt.
Mit freundlichen Grüßen
Ilse Brenner, Bildungsreferentin

**Notiz 14: Wichtiger Termin**
Sehr geehrter Herr Svensson,
wie Sie wissen, scheidet Ihr Referent Herr Zima aus seiner Position am 1. Oktober aus, weil er dann als Abteilungsleiter zur IHK nach Leipzig wechselt. Ich habe Vorstellungsgespräche mit wirklich interessanten Kandidatinnen und Kandidaten vereinbart. Sie sollten unbedingt dabei sein, schließlich sind Sie der Fachvorgesetzte. Die sieben Vorstellungsgespräche finden am 21. Juli statt. Folgender Zeitplan ist vorgesehen:
09.30 Uhr: Kandidatin 1
10.00 Uhr: Kandidat 2
10.30 Uhr: Kandidat 3
11.00 Uhr: Kandidatin 4
11.30 Uhr: Mittagspause
12.00 Uhr: Kandidat 5
12.30 Uhr: Kandidatin 6
13.00 Uhr: Kandidatin 7
Ich sehe Sie dann am 21. Juli.
Mit freundlichen Grüßen, Kanupka

→ FORTSETZUNG AUF DER NÄCHSTEN SEITE

**Notiz 15: Telefonnotiz**
Von: Dennenwaldt
Anruf von der Studentengruppe EIESEK. Anlässlich des Sommerkurses »Verständigung ohne Grenzen« hatten Sie zugesagt, einen Vortrag vor den von der Studenteninitiative Eingeladenen aus Portugal zu halten. Ich habe mit dem Vertreter der Gruppe vereinbart, dass Sie die Studentinnen und Studenten am 19. Juli um 11 Uhr in der Kammer begrüßen werden. Ich erbitte Ihre Bestätigung.

**Lösung Postkorb**

**Zu Notiz 1:** Frau Dennenwaldt eine nette Absage mit einem Hinweis auf die Dienstreise schreiben lassen. Die Form des Briefes (du) lässt einen Rückschluss auf ein gutes persönliches Verhältnis zu. Sie wird Verständnis für die Absage haben. Notiz 1 kollidiert mit den Notizen 9 und 15, daher kann Herr Zima nicht als Vertreter einspringen.

**Zu Notiz 2:** Sie veranlassen Frau Dennenwaldt, das Sekretariat des Oberbürgermeisters per Fax an die Dienstreise zu erinnern. Ein neuer Termin sollte möglichst schnell nach dem 25. Juli gefunden werden.

**Zu Notiz 3:** Momentan ist hier keine Reaktion nötig. Nach der Dienstreise sollten Sie Gespräche mit Frau Kanupka und Frau Dennenwaldt führen. Eventuell gibt es hier Reibungspunkte durch mangelnde Terminkoordination (siehe die Notizen 13, 14, 15).

**Zu Notiz 4:** Herr Zima soll einen Präsentationstermin für die Zeit nach dem 25. Juli vereinbaren. Bis zum Termin soll er

Konkurrenzangebote und die Stellungnahmen der betroffenen Fachabteilungen (Datenverarbeitung, Rechnungswesen und so weiter) einholen lassen.

**Zu Notiz 5:** Herr Zima soll die Position der IHK dem Präsidenten der Unternehmensverbände zusenden. Den Termin am 29. Juli werden Sie wahrnehmen.

**Zu Notiz 6:** Frau Dennenwaldt soll mit Hinweis auf die bisher guten Geschäftsbeziehungen versuchen, eine Reservierung bis zum 28. Juli zu erreichen. Der 26. und 27. Juli müssen für einen möglichen Termin mit dem Oberbürgermeister freigehalten werden (siehe Notiz 2).

**Zu Notiz 7:** Herr Zima soll den PR-Assistenten Herrn Thomsen an die zuständigen Stellen in der IHK verweisen und die kurzfristige Terminsetzung rügen.

**Zu Notiz 8:** Sie hinterlassen Frau Dennenwaldt eine kurze Notiz, dass am 21. Juli um 12 Uhr jemand mit dem Vornamen Benedikt am Empfang auftauchen und nach Ihnen fragen könnte. Der Empfang soll ihn freundlich abwimmeln und mit Sightseeing-Tipps versorgen.

**Zu Notiz 9:** Herr Zima wird eine vierseitige Stellungnahme der IHK zum Thema »Wirtschaftsstandort Deutschland« ausarbeiten und unter Ihrem Namen an die Redakteurin Frau Schnell mailen. In der Mail wird auf Ihre Abwesenheit am 19. Juli hingewiesen. Weitere Auskünfte erhält die Redakteurin bei Herrn Zima.

**Zu Notiz 10:** Herr Zima soll eine Präsentation der Tische – und Stühle! – im großen Saal veranlassen und den Lieferanten 2 auf ein preisgleiches Konkurrenzangebot hinweisen lassen. Die Entscheidung fällen Sie nach Ihrer Dienstreise und dem Probesitzen.

**Zu Notiz 11:** Herr Zima soll per Fax die unklaren Punkte erfragen und dann so aufbereiten, dass er sie im Gespräch mit dem Hauptgeschäftsführer der Bundesvereinigung am 13. Juli um 12.45 Uhr klären kann. Der Termin kollidiert nur scheinbar mit den Notizen 13 und 14, weil die Vorgaben aus diesen Notizen delegiert werden (Entscheidungen siehe dort).

**Zu Notiz 12:** Herr Zima wird sich beim Sekretariat des Staatssekretärs erkundigen, ob die Tagesordnung noch vor dem 25. Juli da sein muss. Wenn ja, dann soll er sich die Tagesordnung der bisherigen Veranstaltungen (Dauerthema!) zuschicken lassen. Wenn nein, dann wird sie wegen möglicher Modifikationen erst nach Ihrer Rückkehr ausgearbeitet und abgeschickt.

**Zu Notiz 13:** Die Bildungsreferentin Frau Brenner wird an die Personalleiterin Frau Kanupka verwiesen, um mit ihr den Weiterbildungsbedarf der Mitarbeiter der IHK zu erörtern. Sie geben eine Rückmeldung an Frau Dennenwaldt, dass sie derartige Bagatelltermine in Zukunft nur nach Rücksprache vergibt (siehe auch Notiz 15).

**Zu Notiz 14:** Um die Spannungen zwischen den beiden nicht zu verstärken (siehe Notiz 3), soll Frau Dennenwaldt Frau Kanupka in nettem Ton schriftlich auf die Arbeitsteilung in der IHK hinweisen und ihr versichern, dass Sie ihrer Vorauswahl voll und ganz vertrauen. Frau Kanupka soll als Personalleiterin drei geeignete Kandidaten auswählen, die sich nach dem 28. Juli in einer zweiten Runde bei Ihnen vorstellen.

**Zu Notiz 15:** Herr Zima soll die Damen und Herren von EIESEK begrüßen. Frau Dennenwaldt hat wieder einen Termin ungünstig vergeben (siehe Notiz 13, Konsequenz siehe Zu Notiz 3).

CHECKLISTE

## Checkliste Postkorb

- ○ Ist Ihnen bewusst, dass die zur Verfügung stehende Zeit nicht für eine hundertprozentige Bearbeitung des Postkorbs ausreichen wird (Stresstest)?
- ○ Haben Sie alle Informationen erst einmal überflogen, bevor Sie mit der Bearbeitung beginnen?

- ◯ Gibt es Zusammenhänge, die einzelne Unterlagen verbinden?
- ◯ Sind Kategorien ersichtlich, nach denen sich die Unterlagen ordnen lassen (Kunden, Lieferanten, Privates, Firma)?
- ◯ Welche Unterlagen sind wichtig, welche unwichtig?
- ◯ Welche Entscheidungen müssen Sie zeitnah treffen?
- ◯ Was kann delegiert werden? Haben Sie ein Organigramm zur Hand?
- ◯ Haben Sie für die Terminplanung einen Kalender zur Verfügung?
- ◯ Denken Sie bei der Durchsicht der Unterlagen an die übliche betriebliche Praxis?
- ◯ Berücksichtigen Sie bei Ihren Entscheidungen Ihre Rollenvorgabe im Unternehmen?
- ◯ Welche Terminvorgaben sind festgelegt, wo können Sie Termine selber frei vergeben?
- ◯ Welche Konsequenzen hätte die Nichteinhaltung von einzelnen Terminen?
- ◯ Haben Sie für jeden einzelnen Vorgang eine Entscheidung getroffen und Ihre Entscheidung kurz begründet?
- ◯ Sind Ihre Entscheidungen für die Beobachter schlüssig und nachvollziehbar?
- ◯ Können Sie bei einer sich anschließenden Fragerunde die strategische Herangehensweise deutlich machen, auf deren Grundlage Sie Ihre Entscheidungen getroffen haben?

# Schlusswort: Trainieren für das Assessment-Center

**Unser intensives Trainingsprogramm für Ihr Assessment-Center liegt jetzt hinter Ihnen. Sie haben nun einen detaillierten Einblick in den tatsächlichen Ablauf von ACs bekommen. Die Anforderungen, die einzelne Übungen an Sie stellen, haben wir Ihnen ebenfalls bewusst gemacht. Sie kennen typische Aufgabenstellungen in den jeweiligen Übungstypen, und Ihr Blick für die Hürden, die es in den einzelnen Übungen zu überwinden gilt, ist geschärft.**

## Passende Handlungsstrategien bringen Sie weiter

*Mit Vorbereitung auf der sicheren Seite*

Bei der Auseinandersetzung mit unserem Trainingsprogramm haben Sie sicherlich gemerkt, dass Assessment-Center keine Selbstläufer sind. Viele Unternehmen, die von Kandidaten ein natürliches Verhalten einfordern, sind enttäuscht, wenn diese tatsächlich unvorbereitet auftreten. Sie sollten sich vielmehr auf die Anforderungen der Unternehmen an zukünftige Mitarbeiter und Führungskräfte einstellen. Schließlich lässt sich auch der berufliche Alltag nicht blauäugig bewältigen, sondern nur dann, wenn Ihnen die beruflichen Anforderungen klar sind und Sie sich passende Handlungsstrategien angeeignet haben.

## Doppelter Nutzen

*Profitieren Sie auch im Berufsalltag von Ihrem Training*

Viele gestandene Führungskräfte, die sich von uns persönlich auf Assessment-Center vorbereiten lassen, bestätigen uns immer wieder, dass ihnen unser Trainingsprogramm nicht nur bei der Bewältigung des ACs geholfen hat, sondern auch in ihrem Führungsalltag. Schließlich finden Assessment-Center nicht im luftleeren Raum statt, sondern bilden zu einem großen Teil die berufliche Realität ab: Kritikgespräche, Teamsitzungen, Kundengespräche, Moderationen von Projektgruppen und Präsentationen lassen sich mit dem von uns vermittelten Wissen besser bewältigen. Wir hoffen, dass auch Sie von diesem doppelten Nutzen unseres Trainingsprogramms profitieren werden.

### Trainingseffekte vertiefen

*Mit Training zum Erfolg!*

Wir freuen uns, dass wir mit Ihnen zusammen dem Assessment-Center seinen Schrecken nehmen konnten. Sie selbst haben eine Reihe von Möglichkeiten, um Ihr Ergebnis zu beeinflussen. Nutzen Sie jede Chance, um Trainingseffekte abzusichern. Spielen Sie die von uns vorgestellten Übungen im Freundes-, Kollegen- oder Bekanntenkreis durch. Je mehr Sie trainieren, desto besser werden Sie im Ernstfall abschneiden. Gerne stehen wir Ihnen auch für ein persönliches Coaching zur Verfügung. Weitere Informationen finden Sie unter www.karriereakademie.de.

Wir wünschen Ihnen für Ihr Assessment-Center den verdienten Erfolg!

*Christian Püttjer & Uwe Schnierda*

# Register

# Püttjer / Schnierda: Karriereblog, Coaching und Beratung

**Unsere Angebote:**

→ Bewerbungsunterlagen-Check
→ Vorstellungsgespräch-Coaching
→ Karriereberatung
→ Assessment-Center-Intensivtraining
→ Führungskräfte-Coaching

Preise und weitere Details zu den einzelnen Beratungsmodulen finden Sie im Internet unter **karriereakademie.de**

**KOSTENLOS:**
15-TEILIGES VIDEOTRAINING UNTER **KARRIERE-AKADEMIE.DE**

Püttjer / Schnierda
Raiffeisenstraße 26
24796 Bredenbek / Naturpark Westensee
Telefon 04334 183787
team@karriereakademie.de

**karriereakademie.de**

Christian Püttjer,
Uwe Schnierda
**Assessment-Center-Training für Führungskräfte**
Die wichtigsten Übungen – die besten Lösungen

2016. 294 Seiten

## Das Assessment-Center erfolgreich meistern

Bei der Besetzung von Führungspositionen ist ein Assessment-Center Standard. Doch nur wer sich gezielt auf das härteste aller Auswahlverfahren vorbereitet, kann sich als Topkandidat präsentieren und den Karriereschritt schaffen. Die Karriereexperten Christian Püttjer und Uwe Schnierda informieren in dieser aktualisierten Nachauflage des Standardwerks über die gängigsten Tests, Übungen, Rollenspiele, Vorträge und Gruppendiskussionen und zeigen, wie man sie souverän meistert.

**campus.de**

**campus**
Frankfurt. New York

Christian Püttjer,
Uwe Schnierda
**Das große Bewerbungshandbuch**
2017. 587 Seiten

## Die perfekte Bewerbung

In diesem umfangreichen Handbuch der Bewerbungsexperten Christian Püttjer und Uwe Schnierda finden Sie Antworten auf alle Fragen, die im Bewerbungsprozess aufkommen: von der Vorbereitung der Bewerbung mit Anschreiben, Lebenslauf, Leistungsbilanz und dem richtigen Foto über Online-Bewerbungen bis zu Vorstellungsgespräch, Assessment-Center und Gehaltsverhandlung. Darüber hinaus geben die Autoren umfangreiche Hilfestellungen für die erste Zeit im neuen Job.

**»Eine lohnenswerte Anschaffung, die alle Bereiche der Bewerbung abdeckt.«** *unicum.de*

**campus.de**

campus
Frankfurt. New York